华工文库项目『基于商业文化的明清广州城市建筑类型研究』(HGWK202005)成果

明清广州城市商业建筑类型研究

■ 邢君 著

武汉大学出版社
WUHAN UNIVERSITY PRESS

图书在版编目(CIP)数据

明清广州城市商业建筑类型研究/邢君著.—武汉：武汉大学出版社，
2021.12
ISBN 978-7-307-22775-0

Ⅰ.明…　Ⅱ.邢…　Ⅲ.古建筑—商业建筑—建筑设计—研究—广州—
明清时代　Ⅳ.TU247

中国版本图书馆 CIP 数据核字(2021)第 249318 号

责任编辑:王　荣　　　责任校对:李孟潇　　　版式设计:马　佳

出版发行:**武汉大学出版社**　　(430072　武昌　珞珈山)
（电子邮箱：cbs22@whu.edu.cn　网址：www.wdp.com.cn）
印刷:武汉邮科印务有限公司
开本:787×1092　1/16　印张:9.75　字数:190 千字　插页:1
版次:2021 年 12 月第 1 版　　2021 年 12 月第 1 次印刷
ISBN 978-7-307-22775-0　　定价:49.00 元

前　言

　　2001 年，笔者来到广州求学，跟随恩师邓其生先生学习岭南建筑传统，恩师一直鼓励笔者根据学术兴趣自由探索。但因个人能力所限，常觉无从下手。所幸生活态度一直积极，热衷逛街寻觅商业古建筑，与广州商都特性配合得挺好。在熙熙攘攘的日常中，逐渐产生了对广州旧日店铺的好奇。

　　古代人逛的街市在现在广州的什么地方呢？这些街道长什么样？种种的好奇最终凝结成了笔者的研究成果。

　　本书的内容分四个部分，第一个部分介绍宋以前广州城内的商业情况，第二部分为明清广州内城、外城的商业建筑格局，内城的政治属性相对更强，外城更为复杂，其中最特别是西关平原的开发。从城市的视角俯瞰、了解大的布局后，在第三部分开始探索主要的行业建筑——餐饮业、金融业、茶糖业。特别是餐饮建筑，广州俗语"有钱楼上楼，没钱地下猫"，广式美食丰富的品类和人们的饮食空间有着紧密联系。第四部分尝试总结历史商业建筑的一些规律，如动力机制、建筑空间和建筑本体的特征等。

　　希望经本书的描述，可以在读者心中构建一个较为立体的广州商都建筑形象。

邢君

2021 年 10 月于广州

目　　录

第一章　广州城市历史商业格局的变迁

第一节　广　　州

　　广州位于珠江溺谷湾口的冲积平原，是西江、北江、东江汇合点（图1-1），和三江腹地保持了300~400千米相等距离，居五岭之南的中心位置。汇合点，意味着物资最容易聚集在此，广州这个汇合点最妙的地方，除了背后有大面积腹地，其上物产可以顺江水而来，更面临着浩渺的大海（图1-2）。广州最早的人类活动可以追溯至新石器时期，东北郊龙洞发现的飞鹅岭岗丘遗址、北郊新市的葵涌贝丘遗址都是很好的证明。东南亚地区的考古挖掘出不少具有百越地区新石器文化的特型器物，也是当时就与广州地区存在物品交流的证据。

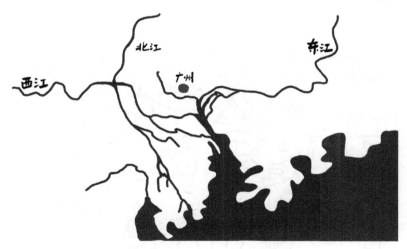

图 1-1　三江交汇

　　商业作为一种经济活动，依赖空间场所，称为"市"。《说文》写"市，买卖之所也"，意思就是有物品交流活动。"市"的出现和远古神话人物有紧密联系，《周易》有神农"日

1

中为市"，《吕氏春秋》有"祝融作市"等记录。市作为商品交换的场所主要分为三个大类，一是城市，二是乡镇集市，三是一些特殊类型的市①。（图1-3）

图1-2　前秦时期珠三角古地理图（根据《珠江三角洲全新世沉积概述》改绘）

图1-3　汉代画像砖上的市场

① 丁长清.中国古代的市场与贸易[M].上海：商务印书馆，1997：1.

第二节　南越国的商业

汉初，赵佗与汉"剖符通使"，接受南越王的封号。吕嘉之乱，汉武帝平南越，分南越故地为九郡①，最终划入岭南郡县制中稳定下来。有学者说南越国"制承秦、未必仿汉"②，说明其相对独立的政治地位。加上番禺城是秦将立城，很有可能采用秦代通行的城市建设模式。

西汉南越王墓出土的器物主要有三类风格：一类是器型、纹饰，和中原地区类似；一类是有本地特点；第三类是楚地风格或其他地域风格的器物。南越王墓出土的铜车马饰铜泡钉、铜节约上的纹样为熊纹、牛纹，带有浓厚的云贵高原风格特点③。同地出土的一件银盒在造型、纹饰和银料成分上和伊朗古苏辙城出土的银器类同。金花泡、金珠、金饰片等则采用了西亚的焊珠工艺④。虽然香料主要产自东南亚和西亚地区，但广州地区西汉墓葬八分之一用薰炉陪葬⑤。这么多不同地区器物风格同时出现在墓葬中，说明了南越国和中原、周边民族、海外都有往来。

秦朝多次谪贱民戍岭南，"三十三年，发诸逃亡人、赘婿、贾人略取陆梁地，为桂林、象郡、南海"（《史记·货殖列传》），"后以尝有市籍者，又后以大父母、父母尝有市籍者，后入闾取其左"（《汉书·晁错传》），谪戍对象大多是商人身份。南越国番禺城内就有不少冶铸业、制陶业、纺织业、漆器制造、玉石、金银制作等的作坊⑥。

广州西汉前期墓葬中出土的船模有12件（图1-4），其中有适于在江河湖泊上客货兼载的航船，也有行驶于支流航道的货艇，还有用作交通的渡船⑦。这说明南越国时期已开始通过水路交通内外。汉武帝平定南越后取消边关，中原和岭南的交流畅通无阻，之前受到限制的铁制农具和耕牛大量输入岭南⑧。"中国往商贾者多取富焉。番禺，其一都

① 先置"南海、郁林、苍梧、合浦、交趾、九真、日南"，后增"珠崖、儋耳"。
② 吴凌云."中府啬夫"考述[M]//镇海楼论稿. 广州：岭南美术出版社，1999：48.
③ 于兰. 秦汉时期岭南越人与外界的交往[J]. 暨南学报，1994(10)：82.
④ 广州市文化局等编. 广州文物志[M]. 广州：广州出版社，2000：194.
⑤ 麦英豪. 广州城始建年代及其他[M]//镇海楼论稿. 广州：岭南美术出版社，1999：60.
⑥ 黄淼章. 南越都城番禺在广州城建史中的重要地位[M]//镇海楼论稿. 广州：岭南美术出版社，1999：64-65.
⑦ 丘传英，等. 广州近代经济史[M]. 广州：广东人民出版社，1998：7.
⑧ 出土的南越国时期铁器的数量、种类都大大超越战国时期（广东只出土了秦之前的两件铁器），集中在都城番禺及郡县附近。"高后自临用事，近细士，信谗臣，别异蛮夷，出令曰：'毋予蛮夷外粤金铁田器；马、牛、羊即予，予牡，毋与牝。'老夫处僻，马、牛、羊齿已长，自以祭祀不修"（《汉书》卷95西南夷两粤朝鲜传 第65赵佗报文帝书）。

会也"(《汉书·地理志》)。汉武帝时期还曾派遣译使与商人、水手一起,沿着民间开辟的航路,带领船队出使东南亚和南亚诸国①。

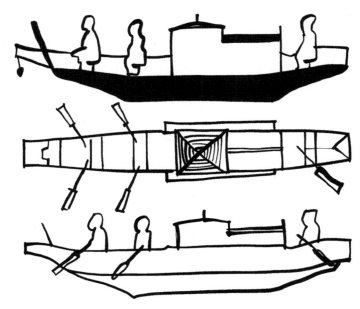

图 1-4　西汉船模,西村皇帝岗 1 号墓出土(根据《广州文物志》改绘)

南越番禺城是西城东郭②,体现了以西为尊的思想。池跨甘溪下游东西两岸,咸潮可至城下,处于咸淡水交接处③。南越国宫署的面积不小于 15 万平方米④,以南越番禺城的规模来看,城内半数面积为宫廷区占据。城内应该还有官署、府库,乃至贵族显宦的甲第,部分为官府手工作坊。

南越王墓出土的 500 余件青铜器,除了少数从中原传入外,大部分为本地制作,有浓厚的地方艺术特色,工艺很精细。1983 年,南越王墓出土青铜器中有一鼎形制与中原汉式鼎类似,器盖铭刻"蕃禺 少内"字样,器腹近口沿处刻"番少内一斗二升少半"⑤。同期出土的还有"泰官"封印,"泰"通"太",即汉少府署官"太官",是掌管皇帝正餐膳食

①　邓端本.广州与海上"丝绸之路"的兴起与发展[M]//论广州与海上丝绸之路.广州:中山大学出版社,1993:7.
②　周霞.广州城市形态演进[M].北京:中国建筑工业出版社,2005:24.
③　徐俊鸣先生认为赵佗城范围包括宋代中城和东城在内,理由是宋中城周五里,东城四里,二者相合恰为九里之数。两城之间恰是甘溪水道,东部地势低洼疑为越人巢居泛舟之所在。见《广州史话》。
④　广州市文化局.广州秦汉考古三大发现[M].广州:广州出版社,1999:58.
⑤　广州市文化局.广州文物志[M].广州:广州出版社,2000:198.

的官员。淘金坑还出土了刻有"常御　第六"字样的陶罐，"常御"掌服饰、车驾，也是少府署官之一①。这证明南越国确实有少府的设置。汉代少府（少内）的署官极多，有尚书、符节、太医、太官、汤官、导官、乐府、考工室、东织、西织、东园匠、胞人、中书谒者、黄门、御府、永巷等②。汉代少府之下有官营手工作坊，包括织造、锻铸、建筑等。汉代官府手工业是在少府的管理下，少府是皇家私人财政官署。少府机构大、署官多，位于九卿之首。南越都城内应该存在相当规模的官营市场和手工作坊。宋代《南海百咏》："城东两百步有小城仅容百家，始任嚣所筑"，说明西城之东原是有城墙围护，有可能是赵佗城的东郭。

第三节　唐代的商业

一、海外贸易和内外交通

《唐书·地理志》引述贾耽《广州通海夷道》中，记录了一条自广州起航远至巴格达的深海航线，往返这条航线的商人除了中国人和阿拉伯人以外，还有波斯人、印度人、斯里兰卡人、欧洲人、东南亚诸国人。唐代广州城外的江面上停泊着婆罗门、波斯、昆仑来的船舶③。唐玄宗开元四年（716年），张九龄开凿大庾岭新道，使得公私贩运大为改观。珠三角腹地各色的物产则依靠三江水路，中原物品则沿大运河、走大庾岭新道转北江，源源不断地进入广州。

二、城池内的集中市场

唐代诗人刘禹锡曾赋诗赞美广州，"大艑浮通川，高楼次旗亭"④。"旗亭"为观察、指挥集市的处所，上立有旗，故云"旗亭"，即"市楼"。"旗亭"的描述证实了城内坊里分离的做法还是普遍存在的。

三、番市

唐代广州西部市区，包括今华宁里以西、光复南路杨仁里以北、文昌南路宝华直街

---

① 广州博物馆. 广州历史文化图册[M]. 广州：广东人民出版社，1994：14.
② 苏俊良. 汉朝典章制度[M]. 长春：吉林文史出版社，2001：26.
③ "江中有婆罗门、波斯、昆仑等舶，不知其数。并载香药、珍宝，积载如山。舶深六、七丈。师子国、大石国、骨唐国、白蛮、赤蛮等往来居住，种类极多。"[日]真人元开等著《唐大和上东征传》。
④ 《全唐诗》卷354。

以东的地区范围内,其中以蕃坊(又称"番坊")最为繁华。每年3月到8月,来自南洋和西洋的船舶借助西南季风驶向广州,次年秋冬借助东北季风返航①。史载"诸蕃国入中国,一岁可以往返,唯大食必二年而后可"((南宋)周去非《岭外代答》)。交易季节结束后,大食国商人滞留在广州,最终形成了番商聚居地"蕃坊"。蕃坊的范围北至今中山路,南抵惠福路、大德路,西至人民路,东至解放路。蕃坊的建成年代早于唐开成元年(836年)②。8世纪,日本文学家真人元开写道:"(广州)州城三重,都督执六纛,一纛一军,威严不异天子。紫绯满城,邑居逼侧"(《唐大和上东征传》)。对"州城三重"有两种不同的看法③。曾昭璇先生认为"三重"是由江边至官署的南北轴向关系。徐俊鸣先生提出东西向以东部古越城、中部城池,以及西部蕃客所筑城为"三重"。唐代的广州城池规模依然很小,由南至北的三重结构(图1-5),似乎很难让人有"威严不异天子"的感慨。城西这样大规模的城外居住区是很难被无视的,东西三重的说法似乎更为妥当(图1-6)。

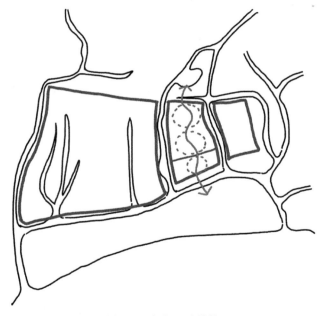

图1-5 南北三重结构

---

① 黄启臣.广州成为海上"丝绸之路"起点的地理经济条件[M]//论广州与海上丝绸之路.广州:中山大学出版社,1993:33.

② 《旧唐书·卢钧传》:"先是土人与蛮獠杂居,婚娶相通,吏或挠之,相诱为乱。钧至,立法,俾华蛮异处,婚娶不通,蛮人不得立田宅;由是徼外肃清,而不相犯。"由此蕃坊当早已存在,故而有整治一说。

③ 曾昭璇.广州历史地理[M].广州:广东人民出版社,1991:65.

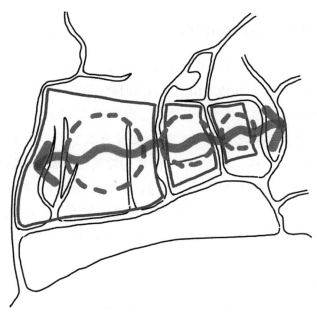

图 1-6　东西三重结构

　　远航而来的船只从印度、波斯、阿拉伯等国跨洋而来，借助 3 月至 8 月间的西南季风由珠江口的屯门过扶胥，直入广州城下。此时珠江广州段的水面宽阔、水深浪急，外洋船只可进入蕃坊内的南濠（光塔码头）避风浪，光塔作为航道标志，《南海甘蕉蒲氏家谱》记称："倡筑羊城光塔，俾昼则悬旗，夜则举火，以便市舶之往来也……西来商族咸德之。"由佛山、西江、北江而来的商旅则在兰湖码头（今流花湖公园）登陆。外洋船只在扁担巷靠岸后，要履行"纳舶脚""收市"和"进奉"等手续，排除官吏贪污等因素，税率大概为 10%①。船只靠岸后，临近的杏花巷可以造船、修船，货品存放在竹篙巷，商人聚居在大纸巷、大市街。货品按照分行列肆的方式集中交易，如白薇巷为香料街，玛瑙巷、象牙街为珠宝珍玩的售卖地等②。整个蕃坊是相对独立的小城，有一定的围护结构。蕃长（蕃酋）对蕃坊事务进行管理。蕃坊内除了住宅、商铺外，还有学校、礼拜堂。每年交易结束后商人在蕃坊居住，直到次年秋冬的东北季风吹起再返航。"诸蕃君长，远慕望风，宝舶荐臻，倍于恒数……除供进备物外，并任蕃商，列肆而市，交通夷夏，富庶于人，公私之间，一无所阙"（《全唐文》）。尤为值得注意的是"列肆而市"的记录。

①　邓端本．广州港史［M］．北京：海洋出版社，1986：61-62．

②　曾昭璇．广州历史地理［M］．广州：广东人民出版社，1991：237．

四、商业区繁盛带来的消防问题

根据《新唐书》的记载，"广人以竹茅茨屋，多火。璟教之陶瓦筑堵，列邸肆，越俗始知栋宇利，而无患灾"①。广州地区出土了西汉时烧制陶土建筑构件，在海幢寺旧址发现东汉陶窑遗址，出土了建筑用筒瓦、瓦当等。但陶制建筑构件一直不普及。"邸肆"与"邸店"同义，"邸店者，居物之处为邸，沽卖之所为店"（《唐律疏议·名例四·平赃者》），两者并称意指兼具货栈、商店、客舍性质的建筑物。唐代邸店非常发达，长安城东西市四面都立邸。由于出租利润丰厚，权贵、商贾，甚至外商都有开设邸店的②。公元714—715年间，广州主要针对店肆的改造进行城市整治。公元806—820年间，又进行了两次。根据《新唐书》的记载，杨于陵出任岭南节度使时曾"教民陶瓦易蒲屋，以绝火患"③，其后担任岭南节度使的杜佑，"为开大衢，疏析廛闬，以息火灾"④。孙诒让正义《周礼》时提到"廛、里皆居宅之称；析言之，则庶人、农、工、商等所居谓之廛……士大夫等所居谓之里"。"廛闬"有市肆的含义。城市火灾除了建筑物本身的建材易燃外，建设密度过高也是重要因素。房屋毗邻会连带着火，密度过高也不利施救。开辟更为宽阔的街道，降低城市内的建筑密度，杜佑的做法比单纯改造建材更为高明。

广州地区的气候温暖，适合生长竹木，作为建材取用便利、价格低廉。所以必须由地方执政长官督促才会进行街市建筑改造⑤。9世纪中叶，阿拉伯商人苏莱曼在《阿拉伯人、波斯人印度中国游记》中提到"中国人用木头作其房屋的墙壁"⑥。苏莱曼曾到过广州，在书中称其为辛迦兰（Censcalan）大城。唐代广州城市建筑大多还处在竹木蒲草阶段。

第四节　南汉的商业格局

唐末群雄并起，继朱温篡唐后各地割据政权相继出现，史称五代十国。南汉是建立在岭南的封建地方政权。明嘉靖黄佐在《广州志》中述："刘隐其祖，安仁上蔡人也，后徙闽中，商贾南海，因家焉。父谦为广州牙将。"奠基者刘隐本身就是商人，祖先居河南

---

① 《新唐书》卷137　列传　第46　宋璟传。

② 贺业矩. 中国古代城市规划史[M]. 北京：中国建筑工业出版社，2002：373-374.

③ 《新唐书》卷176　列传　第88　杨于陵传。

④ 《新唐书》卷179　列传　第91　杜佑传。

⑤ 曾昭璇. 广州历史地理[M]. 广州：广东人民出版社，1991：234.

⑥ 费琅. 阿拉伯波斯突厥人东方文献辑注[M]. 北京：中华书局，1989：77.

上蔡。南汉官方对商贸的态度是积极的，刘龑在宫中接见内地商贾，"示以珠玉之富"①。

　　安史之乱后，中原人为了躲避战乱纷纷南迁，据《文献通考》的记载，整理数据显示唐开元年广州人口 64250 户，元和年增至 74099 户，南汉则激增至 170263 户②。南迁的人口使珠江三角洲的农业开发进入了新阶段，手工业的生产规模和工艺水平都得到提高，因为政局的稳定，商业贸易也迅速恢复。"雄藩夷之宝货，冠吴越之繁华"（《全唐文》卷827），广州是当时国内最繁华的城市之一。

一、宫城、皇城

　　南汉广州兴王府是以唐代长安城为模本建造的，其城市按照宫城、皇城、廓城来布局。宫城在今省财政厅、儿童公园一带，其南为皇城，以今北京路为中轴线，北至中山路、南抵西湖路。宫城是皇族居住、皇帝处理朝政和举行朝会的地方，其中宫廷手工作坊即设于宫城内。

　　皇城是行政机构和事务机关所在，南汉国家管理体系基本按照唐制③，其中涉及财货仓储、官营手工业的中央事务机构——太府寺、司农寺、少府监、将作监，都设置在皇城之内。司农寺下辖的各署、仓、监、屯的主要职责"掌邦国仓储委积之政令"④，具体包括修建维护宫中苑囿园池、饲养种植禽鱼果木等。太府寺"掌邦国财货之政令"⑤，其下辖诸署中，最重要的、也是官衔最大的是市署令。各市署均置一人，从六品上，其下置丞二人，"掌财货交易、度量器物，辨其真伪轻重"⑥。少府监"掌百工伎巧之政令"⑦，除了管理署官之外，还管理为宫廷生活提供服务的工匠，主要包括服饰、器玩、仪仗、冶铸、互市等。管理蕃国交易的，正是少府监下辖互市监。将作监"掌供邦国修建土木工匠之政令"⑧，管理梓匠、木作、石作、采伐等⑨。

　　参考兴王府仿照长安城，长安城皇城内将作监、少府监、司农寺都是占地面积最大的机构，因为其内部还包括了各种作坊、仓库等。兴王府的建造是刻意模仿长安城的，

---

①　黄佐《广州志》卷 42　刘隐世家："龑性聪悟而苛酷……又好奢侈，悉聚南海珍宝为玉堂珠殿。""龑大喜又性好夸大，岭北商贾至南海者，多招之。使升宫殿，示以珠玉之富。"
②　曾昭璇. 广州历史地理[M]. 广州：广东人民出版社，1991：260.
③　"定吉凶礼法、立学校，开贡举，设铨选，一依唐制，百度粗有条理"（梁廷枏《南汉书》卷9）。
④　《大唐六典》卷 19　司农寺。
⑤　《大唐六典》卷 20　太府寺。
⑥　《新唐书》卷 48　百官志。
⑦　《大唐六典》卷 22　少府监。
⑧　《大唐六典》卷 23　将作监。
⑨　任爽. 唐朝典章制度[M]. 长春：吉林文史出版社，2002：255-266.

各种制度也是依照唐制设立,布局或与长安城皇城类似,即财货、仓储和官营手工业等机构在兴王府皇城中可能占有不小的比例。

二、廓城及西部市区

廓城在皇城之南,范围上大体在今西湖路以南,文明路—大南路以北,以北京路为主轴。隋唐长安城以中轴线朱雀大街为界,将京城划分为左、右街,东西分别隶属万年县和长安县①。兴王府外郭以今北京路为界,也是东西分界,同样称为"左街"和"右街"。以东的右街归咸宁县管辖,以西的左街归常康县管辖,城市管理结构和隋唐长安类似。

在廓城中轴线上,兴王府左、右街是连续的坊墙和对街开放的少数坊门组成,这些坊内有可能已经存在店铺、作坊。西部市区在唐末战乱时遭受重创,9 世纪苏莱曼的《中国印度见闻录》记载了黄巢进攻广州时的惨状,仅寄居西城的外籍商人就有 12 万人被杀害,死于兵祸的总人数在 20 万之多。所以南汉时期,市场的主体以皇城内东西街为主,城西处于战后恢复阶段。

第五节　宋代的商业格局

宋庆历四年(1044 年),经略使魏瓘以南汉兴王府为基础加筑子城,扩充为周五里,把新南城也纳入子城范围。皇佑四年(1052 年),修子城东、西、南瓮城。熙宁初,经略使吕居简修东城,周四里,与子城以行春门相连。熙宁四年(1071 年),程师孟筑西城,周十三里。② 自此,子城(周五里)、东城(周四里)、西城(周十三里),"三城并立"的格局完整形成。

宋代有粤楼在西城(今惠福路),《南海百咏》记有"(粤)楼在阛阓中",包括郭棐的《广东通志》和仇巨川的《古钞》都提到粤楼在"阛阓"中。"阛"为市垣、市巷之谓,"阓"为市区的门,后也指市区。"阛阓"除了有店铺、商业的意思外,还有另一重意思,即"街市"。

---

① 贺业矩. 中国古代城市规划史[M]. 北京:中国建筑工业出版社,2002:486.

② 《清嘉庆一统志》引《广东省志》:"庆历四年经略使魏瓘增筑子城,周五里。熙宁三年,吕尼简得郡治东古城遗址筑之,是为东城,西与子城东门相接,合于城为一"。赵万里辑《元统志》:"东城在番禺县。皇佑中魏瓘知广州得郡治东古城遗址筑之,袤四里。"又说:"西城在番禺县,熙宁程师孟筑,周十余里。"熙宁四年,经略使程师孟筑西城,周十三里。据《读史方舆纪要》引《城冢记》:"明年,经略使程师孟筑西城,周十有三里。绍兴二十二年,经略使方滋修中城(子城夹在东西二城之间,后来改称中城)反东西二城以御寇。"

唐代张祜在《送徐彦夫南迁》中描写广州，"月上行虚市，风回望舶船"，可证唐代广州已有夜市。宋代郑熊的《番禺杂记》中有"海边时有鬼市，半夜而合，鸡鸣而散，人从之多得异物"的记载，"鬼市"是大清早开始、到天明即结束的早市。① 由于天色未明、曦光微露，交易物品多为衣物、古董等。元和十五年（820年）进士施肩吾在《岛夷行》中记"腥臊海边多鬼市，岛夷居处无乡里"②，都是描写早市的情景。宋代广州的市场除了空间上突破坊墙成为街市，在开放时间上也有了突破。

一、因工商业发展扩展城池

宋代广州三城中规模最大的是西城（周十三里）。宋代子城和东城都是依据旧有城墙修筑，唯有西城是新筑。西城大部分是在浅海沉积层上形成的陆地，"土杂螺蚌"，建城条件并不理想。北宋初年，市舶年入仅有30万~50万缗，占国家财政收入的2%左右。南宋初，市舶收入达200万缗，占国家财政收入的20%③。广州的市舶收入是政府重要经济来源。西城城门记有："东南曰航海；南曰朝宗、曰善利、曰阜财；西曰金肃、曰和丰；北曰就日，后改朝天"④，后又在朝天门之西开威远门，航海门之西开素波门。从城门名称上也不难看出西城的商业性，如善利门、阜财门。城墙是围护封闭的，与商业需求的交通便利相矛盾，南向密布的6个城门极好地说明了西城的商贸属性（图1-7）。

由于商业发展、人口增加⑤，城南滨河地带也逐渐成为居住及贸易的场地。南城（雁翅城）修建于嘉定三年（1210年），距离其他三城中最晚修建西城的时间（1071年）已有139年。相对于其他三城修建的时间：1044年（子城）、1068年（东城）、1071年（西城），南城的修建显然不具时间上的连续性。猜测最初并无修建南城的计划，由于珠江岸边日益兴起，沿江不少地方渐成繁华市廛，故而才有修建城池保护商民的必要⑥。西城和雁翅城都为了适应商贸发展而修筑。

---

① 《东京梦华录》卷二"潘楼东街巷"条："潘楼东去十字街，谓之土市子，又谓之竹竿市。又东十字大街，曰从行裹角茶坊，每五更点灯博易，买卖衣物、图画、花环、领抹之类，至晓即散，谓之鬼市子。"

② 陈永正．中国古代海上丝绸之路诗选[M]．广州：广东旅游出版社，2001：39.

③ 林家劲．两宋时期中国与东南亚的贸易[J]．中山大学学报，1964(4)：22.

④ （清）仇巨川．羊城古钞[M]．广州：广东人民出版社，1993：573.

⑤ 唐宋时期的人口，据元大德年《南海志》中所记述，唐时有户：四万二千二百三十五。口：二十二万一千五百。宋时有主户：六万四千七百九十六。客户：七万八千四百六十三。宋淳熙年又做了一次普查，主户：八万二千九十。客户：一十万五千八百七十七。若按照每户五口人来估算，则约有七十一万人口，到淳熙年约有九十四万人口，较之唐代的二十二万，人口已经有了极大的增长。

⑥ 《读史方舆纪要》引《城冢记》："嘉定三年经略使陈岘以城南寰阓稠密，无所捍蔽，乃增筑两翅，以卫民居，东长九十丈，西五十九，谓之雁翅城。"《舆地纪胜》称"雁翅城，州城之南，长九十丈"。

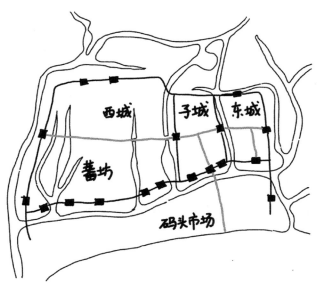

图 1-7　宋代广州城市格局

二、疏浚濠涌，保障商业运输便利

(一) 南濠

沿西城南、以南濠为中心集中了商业市肆及为商贸服务的政府机关等。实际上唐代时南濠就已经是繁华的商业码头。北宋大中祥符年间，"昭晔知广州，始凿濠为池，以通舟楫"。根据宋嘉定二年(1209 年)的记载，时南濠"阔十丈"(约 30 米)，"通舟楫，以达于市，旁翼以石栏"。

(二) 东濠

南宋时在南城东、东濠口处始修东水关，由此向东连接扶胥波罗水道。东濠口为交通运输的中心，其本身为一海湾，水面宽阔。《宋史·邵晔传》有大中祥符四年(1011年)，"州城濒海，每蕃舶至岸，常苦飓风，晔凿内濠通舟，飓不能害"。东濠改善了城市航运条件。

(三) 玉带濠

宋代出珠江的水道，东、西濠直接向南入珠江，南濠南向转西行，与西濠并流入珠江。明代出现的玉带濠，是南城沟通东西的主要水道，连接东西水关。玉带濠主要是南宋嘉定四年（1211 年）由知广州魏瓘组织人工开凿而成的。水面足宽 60 多米，深达 9 米多①，船只可驶入其中躲避飓风等。

孙典籍的《广州歌》中有"朱楼十里映杨柳……千门灯光烂相辉"，极言宋代玉带濠畔的繁华景象②。明末清初屈大均在《广东新语》中描述玉带濠北岸，倚城墙，"旧有平康十里，南临濠水，朱楼画榭，连属不断"。宋代玉带濠沿岸市肆已经具有相当规模。

三、全国最大对外贸易港

宋代广州是全国最大的对外贸易港，前来贸易的国家数量超过了唐代，根据宋人赵汝适的《诸蕃志》和周去非的《岭外代答》等书记载，共有五十多个国家③。宋代的市舶制度在唐代基础上已发展得较为完善。10 世纪，来华蕃客写道："对于商人来说，前往中国最好而且最近的航道乃连接广府之通道，通过其他道路则要远得多。"④

四、商业网的组织与规划

（一）中心综合区

宋代广州城市的商业中心综合区在子城南部，即清海军楼为中心，今西湖路一带。子城北部是历代官衙所在，即今中山路以北地段。南部的市区是行政中心的前导空间，在明清文献记录中，这里多为文房书具、线装书籍、金石古玩、苏杭杂货等零售集中的地方。推测宋代的情况应该与此类似。

（二）官府商业区

宋代，盐、茶、酒、醋、香、矾均属于官府商业的范围。广东东莞、新会皆产盐，广州是广南东路等地方中食盐的主要集散地。《南海百咏》（任嚣城条）称："今城东二百

---

①　郭棐《广东通志》记载，南宋开庆元年（1259 年）经略使谢子强扩建东西水关间的水道，使之"广二十丈，深三丈，东西坝头甃以石"。

②　"广州富庶天下闻，四时风景长如春……少年行乐随处佳，城南濠畔更繁华。朱楼十里映杨柳，帘栊上下开户牖。闽姬越女颜如花，蛮歌野颜声咿哑。巍峨大舶映云日，贾客千家万家室。春花列屋艳神仙，夜月满江闻管弦。良辰吉日天气好，翡翠明珠照烟岛。……游野留连望所归，千门灯光烂相辉。游人过处锦成阵，公子醉时花满堤。扶留叶青蚬灰白，盘载槟榔邀上客。丹荔枇杷火齐山，素馨茉莉天香国。别来风物不堪论，寥落秋花对樽酒……"

③　邓端本 . 广州港史（古代部分）[M]. 北京：海洋出版社，1986：76-77.

④　费琅 . 阿拉伯波斯突厥人东方文献辑注 [M]. 北京：中华书局，1989：174.

步，小城也，始罝所理，后呼东城，今为盐仓。"此处宋代盐仓在今旧仓巷、仓边路一带，盐船由此可北上运盐。此外，在西城素波门内还有盐仓、盐亭，今惠福路段盐运西、盐运东处也为宋代盐仓。《宋会要辑稿·食货》称："广州盐仓每年课利 30 万贯以上。"

（三）官市、蕃市

洋舶来广州途中，在七百里外潯州有望舶巡检司，船至后由官兵护送至广州市舶亭下，官员查验后、征税，其中部分舶货为政府专卖，如玳瑁、象牙、犀、珊瑚等。10 世纪前后，外国商人描写道，"停泊的第一个港口是广府……每个港口都有其市场、货栈、进出口关卡、登记往来船只的机构等"①。"海山楼，在镇南门外，楼下即市舶亭"（《羊城古钞》）。政府专买官市在市舶亭，收买的物品一部分押运上京，另一部分就地拍卖。

蕃市在西城蕃坊内，《南海志》称不少商业管理机构如惠济药局、商税务、酒醋务均在蕃坊内南濠街。南濠此时水面宽阔，足够船舶驶入，临近的杏花巷可以造船、修船，货品则存放在竹篙巷，商人聚居在大纸巷、大市街。方信孺的《南海百咏·越楼》："真珠市拥碧扶阑，十万人家着眼看"，越楼即共乐楼，位于大市街。宋广州知州程师孟赋有《题共乐楼》，其中有"往来须到栏边住"的描述②。"广州凡食物所聚，皆命曰栏。贩者从栏中买取，乃以鬻诸城内外。"③可见越楼附近的"栏"是兼有仓储和买卖贸易的功能（图1-8）。

（四）专业性商业区

广州是宋代广南东路的枢纽，各地的货物在此转运、集散，"舟行陆走，咸至州而辐辏焉"④。广州是宋代重要的米市。《宋史·辛弃疾传》记"闽中土狭民稠，岁俭则籴于广"。真德秀的《真文忠公集》记"福、兴、漳、泉四郡，全仰广东，以赡民食"⑤。从广州各属县、广南东路其他州县和广南西路运至广州的粮食，部分为本地消费，部分则由米市转运出广。粮食以水路漕运为主，在宋南濠以东，今仍存米市路街名。

城东南古东澳地是船舶集中的地点，其水面宽 30 米。此地是东城薪、米、木、石、粪、草的出入孔道⑥。周边至今仍有糙米栏（今东濠涌以东）、东猪栏（今海印桥头附近）、

---

① 费琅. 阿拉伯波斯突厥人东方文献辑注[M]. 北京：中华书局，1989：171.
② 《广州府志》卷9，清康熙年间。
③ 屈大均. 广东新语[M]. 北京：中华书局，1997：395-396.
④ 《永乐大典·广州府》。
⑤ 谭棣华. 清代珠江三角洲的沙田[M]. 广州：广东人民出版社，1993：17-26.
⑥ 曾昭璇. 广州历史地理[M]. 广州：广东人民出版社，1991：184-185.

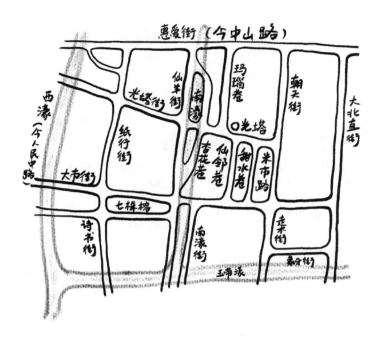

图 1-8　宋代蕃坊街巷（据《广州历史地理》及《广州蕃坊考》改绘）

蚬栏(今东濠涌以西)、东船栏街(大沙头三马路北)等地名。

（五）道路网的规划

子城、东城主要是官员、广人居住、贸易的场所，南北主路正对城市官署。西城内部道路以方格网状为主，体现了商业对于交通便利的要求。东西向以从金肃门向西，即大市街(今惠福路)为主干，南北向从就日门向南，约在今朝天街一线。西城还将南濠（唐"西澳"）包入城中，宋代南濠宽度在 30 米左右。《永乐大典·广州城池》记"嘉定二年(1209 年)，陈经略岘重开，自外江通舟楫，以达于市。旁翼以石栏，自越楼至闸门，长一百丈，阔十丈，自闸至海长七十五丈。"阜财门和善利门分列南濠西、东，近濠两岸为繁华商业街区——南濠街、西濠街，其向北直达光塔蕃坊区。宋代开玉带濠，沟通了东、西濠，南城的主干道正是平行濠涌而布的街市。

五、商业格局特点

宋代广州的城市工商格局保留了唐代面貌，以及市肆向西、向南拓展的传统，发挥了港口城市的地理特点（图 1-9）。

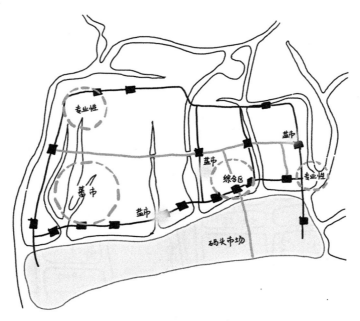

图 1-9　宋代广州城市工商业格局

（一）因势利导

宋代广州城市工商业格局的形成完全是因势利导的结果。子城和东城皆是依旧城基址而修建的。西城和南城的修筑都是为了护卫已成繁华市廛的城区。一个城市的建设除了时代特点外，其自身的自然条件和历史条件更是重要的影响因素。宋代广州城市工商格局保持了前朝遗留的格局，以及向南、向西发展的传统，对濠涌的整治以及沿濠涌地段迅速发展，强化了广州作为港口城市的地理特点。城市内工商格局的形成基本是按照其地理交通条件、消费人群等因素而自发形成的。比如，西城为进出口物资集散地，沿濠涌多形成依赖漕运的盐、米、木材市场，而子城南则为满足官员日常生活用品的市肆等。

在道路网的建设上，临近濠涌的商业街区逐步发展出主要街道。城西的濠涌形态决定了道路的脉络结构。这与子城、东城因循传统利用中轴线、强调突出官署衙门的做法是完全不同的，城西道路网结构的建设更看重物流交通的便利。

蕃坊内基本为蕃酋自治，政府干预少。（南宋）岳珂《桯史》有，"屋室稍侈靡逾禁，使者方务招徕，以阜国计，且以其非吾国人，不之问，故其宏丽奇伟，益张而大"。蕃坊内崇楼高阁连属，专业街市比邻而建，热闹非凡。甚至建筑形制的逾越在西城中也变得无伤大雅了。

（二）强化港口城市的特色

宋代广州是全国著名的对外贸易大港，是广南东路货品集散地。玉带濠的开辟，南濠、东濠的扩展等，不仅改善了水路贸易环境，也进一步强化了广州作为港口城市的风貌。北宋南濠的修整，使得蕃客洋舶可走屯门、直入黄木湾，走西濠转南濠。玉带濠的开通，使得沿濠两岸成为繁华的销金处。

第六节 小 结

由于地理、地势的原因，广州地区在新石器时期已经有人类活动，广州近郊已经有以捕鱼采集为生的部落村寨；加上位置合宜、交通便捷、冲积平原肥沃的土壤、丰饶的物产和温暖宜人的气候，极有可能已经出现了农、副、牧、渔产品的交换集市①。猜测集市是在聚居地周围的空地，交易规模小，具有偶然性。

秦代始建的任嚣城规模小，仅容百家，为秦国三十六郡之一的南海郡治，从封建礼法制度上看，城内应该已有市场。赵佗城格局为西城东郭，甘溪水道由城中穿越，以西部高地营宫室，地位尊崇，可俯瞰全城，符合了当时都城的规划思想。结合甘溪水道的东郭主要集中了干栏式民宅，猜测少不了市场、手工作坊等。

公元前111年（汉武帝元鼎六年）吕嘉之乱，南越国都城番禺被战火焚毁②。建安二十二年（公元217年），步骘重修了番禺城。自晋至唐，广州城池都再无扩展，相对安定的社会环境吸引了大量中原人的迁入③。

南越国时期，番禺城除了作为流通枢纽外，本身也是商品生产的重要基地，又存在众多商贾。作为行政中心的西城内除了宫殿官署，还有官营的市场和手工作坊。而西郭作为居民集中的地段，市场和手工作坊更是不可或缺的。秦代的城市规划理念突破了周

---

① 袁钟仁. 古代广州城的兴筑和扩建[J]. 暨南学报，1996（3）：83.

② 关于番禺南迁简岸的问题。

顾祖禹《读史方舆纪要》记"汉平南越，改筑番禺县城于郡南六十里，为南海郡治"。仇巨川《羊城古钞》记"筑番禺县城于郡南五十里，西接牂柯江，为刺史治，治广信，即今之封开县也。"

曾昭璇先生认为汉平南越后，番禺城一度南迁至顺德简岸村。（见曾昭璇《汉初番禺城址考略》及《广州历史地理》"咸宁县废址即汉初番禺城所在"条）

麦英豪先生认为，南迁说的文字记录出现较晚，可能是志书编撰中误传所至。且广州近郊，西汉前期到东汉末年的墓葬并没有突然间断的迹象，应该是一直延续发展的。

③ 《交广记》："江、扬二州经石冰、陈敏之乱，民多流入广州"。《晋书·庾翼传》记"东土多赋役，百姓乃从海道入广州"。

礼的限制，市场虽然有官方的管理，但布局更强调因地制宜。

唐代广州的繁荣缘于内外水陆交通的便捷，其城市工商格局的形成过程本身充满了自发、自觉的民主气息。蕃坊建立是由于南濠的内港优势，后发展成为拥有十几万人口的商业、居住的综合区域。坊市混杂、分离，乃至街市等市制形式在唐代广州都有所体现。有如城市政治经济综合区"高楼次旗亭"的同时，用竹木蒲草搭建的简陋店肆也大量存在，共同组成了城市丰富多彩的面貌。商业发展导致市肆建筑密度过大，地方执政官推广优质建材、扩建商业区道路、梳理市肆街道等，有效地解决城市的消防隐患。

宋代蕃坊、蕃市无疑是广城最引人瞩目的商业区域，规划布局为坊市混杂、街市为主。作为官营专卖的盐市是比较特殊的一类，在城中靠近濠涌、交通便利地带都有分布。作为地区行政治所，在官署区一带聚集了大量南来的官员显贵，促进了官署前中心综合商业区的发展。专业性商业区主要是以大宗货物交易为主(除蕃市外)，兰湖码头、东濠口、城南沿江码头市场区皆是如此。兰湖码头是内地商旅起陆的主要地点，商人运来内陆腹地的物产，再购置岭南土产或西洋什物往返牟利。东濠口的市场则主要以城内所需生活物资为主。城南的码头市场区除了作为物资往来、船只避风的重要地段外，在玉带濠两岸由于自然环境优越，更成为广人游玩的场所之一。

第二章 明清广州商业建筑格局与形成机制

元代立国后，大毁天下城隍，至元十五年(1278年)广州城垣被拆除，至元三十年(1293年)修复。明洪武三年(1370年)，修葺城池，依照宋元旧址连三城，洪武十三年(1380年)扩展城池，将越秀山包入城中，嘉靖年在城南依据宋南城建新城。明初，广州在整体城市形象、商业繁盛程度上都较薄弱。通海贸易自明中叶后才逐步成形(图2-1)。

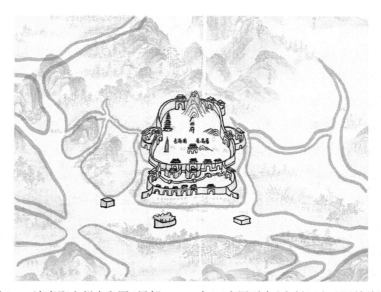

图2-1 清康熙广州府舆图(局部，1685年)(底图引自《广州历史地图精粹》)

宋元三城相对独立，东城与中城有文溪阻隔，而中城与西城则隔有西湖。明初连三城后改善了内城的交通情况，使大宗货品集散更往西、南方向发展。清代广州可能出现了类似北京的"双核心"结构——商业活动中心与官僚士大夫活动中心，即商人与缙绅之间在城市空间上的分化①。

---

① 施坚雅. 导言：清代中国的城市社会结构[M]//施坚雅. 中华帝国晚期的城市. 北京：中华书局，2000：636-637.

明代新航线，尤其是广州至欧洲新航线的开辟，使西欧各国商业势力逐步替代了伊斯兰商业势力。"中国海 16 世纪是葡萄牙人的，17 世纪是荷兰人的，18 世纪是英国人的。"①随其而来的还有西方近代资本主义文明以及天主教的信仰。明代的贸易量小、来华人员少，加上严格的华夷之别等，体现在建筑风格的影响上大约要到清中叶。

明中叶后，广州作为唯一通商口岸，加上相对畅通的澳门外港，以及人口增长等，大批的农村墟市开始由原始墟市向基本墟市、专业墟市发展，佛山、石湾等地更是进一步发展成以手工业为主的市镇。

清代雍正、乾隆年间，随着通海贸易政策的松动，私人海外贸易蓬勃开展。江浙之人将通番货品运至广州，再以广货归浙。商业建筑也由于贸易活动的深入、扩大而迅速发展，十三行馆区、黄埔锚地、西关机房区、河南②的开发等新兴地段如雨后春笋般勃然而兴。

广州城内的水陆运输方式由于地理水文的变迁也发生了变化。西关为冲积平原，地势地平、河汊纵横。其地理范围北接西村，南临珠江，东至今人民路，西至小北江。陆路方面，由西面小北江入广州，登岸即有东西向大路三四条，亦有南北向干道，使西关道路呈网状系统，有利于商贸活动在此地展开。清中叶，对外贸易对物产需求的扩大，致使上西关逐步向纺织机房区转换，农业移民村落消失。明初西关大部分为池塘、菜地，以水生蔬果种植为主。清代蔬菜的生产转移到小北门外东北郊。下西关沿西濠、下西关涌、柳波涌一线的商业街市，新兴富裕阶层聚居地（广人俗称"大住家"）及沿边的消费场所兴起。明代对外贸易的怀远驿（图 2-2）迁移到了外城西南角，正当西濠口。清代十三行正在此处，是对外贸易活动的核心地区。河南白鹅潭一带沿江行栈、庄口林立，腹地南郊成为瓷器、茶叶等出口物资生产、加工的重要地点。

道光年间的《南海县志·墟市》用大量篇幅描写十三行的商业繁荣，除十三行外，仅记有移民市、双门底卖书坊、花市、灯市、鸭栏、塘鱼栏、海鲜埠共七个市场区而已③。而光绪年间的《广州府志》中，南海县在城内的市场有"长寿庵墟，在新城外；大市、小市、归德门市、清风桥市、大南门市、西门市、大北门市、四牌楼市、莲塘街市，俱在老城。新桥市、小新街口市，俱在新城；撒金巷口市、宜民市、青紫坊市、沙角尾市、

---

① 赫德逊. 欧洲与中国[M]. 北京：中华书局，1995：232-233.
② 广州河南，泛指整个珠江以南地区，即今海珠区；狭义上的河南，是指当时珠江南岸西起白鹅潭，东至"河南尾"（今草芳围）的范围。
③ （清）郑梦玉，等. 道光 南海县志[M]. 台北：成文出版社，1967：127-129.

图 2-2　怀远驿（1655 年）（引自《百年记忆——清代广州》）

三摩地市、大观桥市、清平集市、十七甫市、塘街市，俱在新城外"①，共记 21 个市，仅从数量上看是道光年间市场数量的 3 倍。宣统年间的《南海县志》中墟市的数目又大幅度下降，只有宝华市、逢源市、多宝市、鬼驿市、猪仔墟五个而已。②

　　光绪年间城内市场的数目大大增加，除了历史因素而持续发展的市场外，增加的部分主要是集中在交通节点（包括城门、桥头、码头）、建筑节点（包括牌坊、庙宇）。移民市（后改称"宜民市"）为清初海禁移滨海贫民至此，多捕鱼鬻于市中③；再如仓边街市为旧盐仓所在。位于城门的市明显增多了，如归德门市、大南门市、西门市、大北门市、正东门市、小东门市，城门附近成市，也是商贸发展的一个标志。同治年间，小南门有柴栏、糙米栏，大南门有春砍栏，归德门有黄婆栏等④。另外由于城内河汉纵横，桥梁往往成为市场形成的地点，如清风桥市、永安桥市、迎恩桥市、大观桥市等。

　　清代珠三角经济体内部呈现出以广州、佛山为经济核心点，结合中层市镇与底层大量农村墟市的物资交流模式。珠三角农村墟市数量及规模更是急剧增长，尤其以广州属

　　①　（清）瑞麟，戴肇辰，等修. 史澄，等纂. 光绪五年刊本广州府志［M］. 台北：成文出版社，1967：185-186.

　　②　（清）郑荣，等修. 桂坫，等纂. 宣统 南海县志［M］. 台北：成文出版社，1967：773-780.

　　③　（清）道光《南海县志》。

　　④　曾昭璇. 广州历史地理［M］. 广州：广东人民出版社，1991：192.

县南海、番禺为突出。以出口为目的的商品化生产刺激了商品性农业区域和经济作物的中心产地的发展，使城市和乡村间的经济联系加强，提高了广州作为区域经济核心城市聚集财富的能力，同时也改变了周边农村的风貌。1840年后，两次鸦片战争的影响，沙面租界开辟，香港、澳门被割让，更有多口通商后贸易中心北移，造成了广州商业萧条、衰败。

第一节　商　业　格　局

按照城墙的位置，大略将广州城市空间划分为内城（包括双门底上下街、惠爱路等）、外城（包括西关、河南等）。

内城商业建筑分布于四条主要的城市干道，分别是南北向双门底上下街、四牌楼、二牌楼，以及东西向的惠爱直街。民国时期外城有东关、南关、西关、北关以及河南芳村花地等地点。南关位于明代嘉靖年间（1522—1566年）兴建的永清门之南，在今北京路南端两侧一带的街区，大致范围北至万福路、泰康路，南至珠江北岸，东至文德南路，西至太平通津。此地范围原本为珠江水道，清初以后逐渐淤积成陆①。这部分和双门底中心联系密切。东关主要指清代大东门到小东门一带，依靠东濠口的水路优势，大东门地段的市场历史悠久，小东门稍微晚一些。

外城西关为太平南路至长庚路北端止，北部叫作上西关，南部叫作下西关②。西关在明清时期相当长的时间内都保持了河汊纵横的水乡景致，清中叶以后由于旧城人口扩张、丝织业发展、移民等原因，西关迅速被开发。它是在农村村落的普遍开发以及商业化的渗透两个基础上形成的，影响街道格局的因素主要是围基造田、水路货运等。所以较内城相对规整的街道网络，城外的街道更多地体现了地理水文的影响。河南的开发虽然比较早（宋代已有成村落的记载），但形成市场是在清中叶以后，主要在十三行和沙面对岸沿江一带；清末大商贾多建宅园于此，茶寮酒肆鳞次栉比。河南市场的空间形态与西关非常类似，主要街道多表现为与水体结合的形态。

第二节　内城商业建筑布局与特色

明清广州城内的商业格局虽然错综复杂，但还是有清晰的规律可循。从市场产生的

① 广州百科全书编纂委员会. 广州百科全书[M]. 北京：中国大百科全书出版社，1994：521.
② 廖淑伦. 广州大观[M]. 广州：南天出版社，1948：10.

原因来看，交通、物产占了最重要的部分，政治的影响力也不可忽视。清初西洋画家绘制的广州府城图（"A Plan of the City of Canton on the River"）（图2-3）画作中，标志性的建筑位置还是比较清晰[如光塔、花塔、镇海楼、藩属（官衙）等]。城内的道路网格局呈网状，由永清门入镇南门到双门底一线的传统行政空间轴线被忽略了（五仙门至藩属之间并没有主干道的标识）。城西五仙门—归德门—大北门，以及永清门—大南门—小北门则为主干道，道路上绘制了很多牌坊形象。西城归德门市南行为四牌楼市，街道上牌坊林立。作为迎官道的镇南门一线在中国人绘制的地图中，是不大可能被忽略的。图中特别强调了四牌楼、二牌楼、惠爱直街这几条通衢大道，可见其在来华经商的商人心目中的重要性，从侧面反映出其重商的特性。

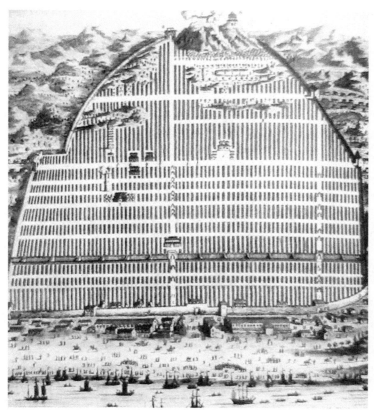

图2-3　清初西方人绘制的广州府城图（引自《清代广州十三行记略》）

明清时期形成的道路网轴线，从城市布局上看最主要的两条为，南北向由归德门至大北门的大北门直街（也称四牌楼，今解放路），东西向由大东门至正西门的惠爱直街（今中山路），这两条道路皆为商业通衢。宋代城南外玉带濠沟通，玉带濠可为东、西濠口商业运输、船舶避风提供便利，四牌楼及二牌楼所在的街道正是物资入城的通衢大道。清代玉带濠已经严重淤积变窄，失去水路运输的能力①，沿濠涌形成了东西向的商业街市。

广州江岸在清代的快速淤积，主要是北部流溪河植被破坏造成的。城西南处于水流入珠江由南转东的凸岸，水流速度慢，泥沙容易沉积。除了这三个主要商业街市（四牌楼、二牌楼、惠爱直街）外，各种专业市场在沿江、沿濠涌的便利地段兴起。城门中五小门有油栏门、竹栏门，为大宗物资集散场所。这些专业市场多依街市形态发展，其中很多都是依据河涌小码头发展而来。除了商业中心和专业市场外，还有为了满足周边居民的生活方便而设的市场。

根据相关县志粗略统计，在城内的市场计有：大市、小市、归德门市、清风桥市、大南门市、西门市、大北门市、四牌楼市、莲塘街市（上属南海县）；迎恩桥市、永安桥市、正东门市、小东门市、仓边街市、二牌楼市（上属番禺县）②（图2-4）。市场基本上设

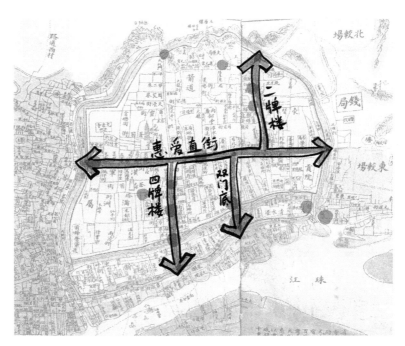

图2-4 清代内城市场分布图［笔者据相关记载确定位置。底图为《陈氏书院广东省城图》（局部，1888年刻制），引自《广州历史地图精粹》］

---

① （明）郭棐《广东通志》称："按（玉带）濠原广十丈有奇，今多为濠畔之民所侵。始为木栏，继甃以石。日积月累，池日以狭。比之初额，不及其半。"
② 黄佛颐.广州城坊志[M].广州：广东人民出版社，1994：38.

置在交通交会点，如城门、桥头等。将市场连线，可以清晰地看到其主要依据城市的主干道展开。双门底由于处于政治中心，售卖物品相对高档，为书籍、古玩、药材等。由于城外水道汇集于归德门处，所以物资最集中的市场地段在四牌楼，集中了归德门市、小市、大市、四牌楼市四市。二牌楼靠近小北门，是城郊蔬菜生果集散地。东濠口向来为城内生活物资市场。双门底、四牌楼还兼具市民娱乐游玩的功能，有夜市、花市等，节庆神诞活动也多在此举行。城内主要的市场区域各有不同的侧重点。

一、双门底上下街、惠爱直街

（一）商业环境特色

南北向的双门底上下街，清代也称为承宣街，民国以后曾改名永汉路、汉民路，新中国成立后改称北京路。双门底是民间的俗称，其中"双门"是指原本为唐代城楼的清海军楼，明清时称拱北楼。宋代城市扩建时将其包入城中，自此成了市廛中孤峙的高楼。宋人王积中（公元1097年）记："中为复门，以列荣载"，故而称为"双门底"，既是街名也是地名。南北向的街道以拱北楼为界，南为双门底下街，北为双门底上街。明代广州连三城为一，城市行政中心的位置依然保持在中城。南北向双门底上下街和惠爱街交接形成了"丁"字形城市中心，延续了宋代以来的街市格局。明清时期这两条街道在实际长度上变化并不大，但是在城市空间节奏上更趋紧凑，人工景观日渐丰富，在商业建筑上体量日渐高大，修建得更为精美，商业活动内容更加丰富。

（二）商业结构与业态

官学、书院、义学等。

双门底上下街的北端是行政官署集中的地点，街上排布了十来座表彰名宦、学者的牌坊。官署集中，大小官员、士大夫、文人经常在此来往，广东提督学院在九曜坊，广州府学宫、番禺县学在附近。宋庆历中（1041—1048年），广州府学原以蕃坊内孔庙为之，宋绍圣三年（1096年）迁移至番山下（今北京路、文德路之间），此后一直在其基址上修复、加建①。番禺县学"在郡东门内"，今中山四路东段农民运动讲习所旧址及广州市图书馆东南角部分。南海县学稍微远一点，"在郡西南隅"，今解放中路西侧学宫街一

---

① "（广州府学）在内城文明门内。宋庆历中，即西城蕃市旧孔子庙为之。熙宁间，数迁徙。绍圣三年，知广州张棨徙于城东南番山下，即今学也。"引自：(清)仇巨川. 羊城古钞[M]. 广州：广东人民出版社，1993：185-186.

带。明清是岭南书院盛行的时期，自明代开始理学昌盛、科举盛行。明初主要以兴办官学为主，正德年后民间书院在大、小马站开始兴盛(图 2-5)。

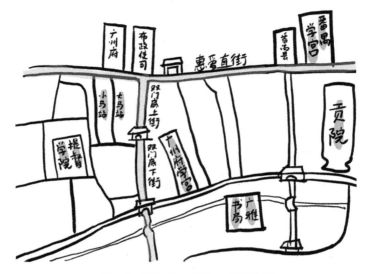

图 2-5 双门底上下街、惠爱直街

刻书坊、装裱铺等。

士人最不可或缺的商品正是书籍、纸张、文具、雅玩。其中尤以书籍最为重要，书籍则涉及出版印刷、销售流通两方面。书籍售卖主要看重书坊附近的消费潜力，学官、书院前书肆出售的一般是科场应试类的书籍，如聚文、大文、文英诸堂、纬又阁、拾介园等书肆。而双门底书肆针对的主要是已有较高文化素养的文人骚客，以经史类书籍为主，一般书坊前匾额上标"苏书"，表明所售书籍为外地运来，质量上乘，价格也颇昂贵。

清末，徐绍棨记称，"双门底商业，以书业为最盛"，对双门底的书肆规模，称赞"双门底当不让琉璃厂"。清人侯君漠作《乐府词》①细致地描写了书肆沿街排布的格局，店内有展示用的书架，店铺中书商就中据案而坐等细节。双门底书坊有藏修堂、翰墨园、森宝园、九经阁、儒雅堂、登云阁等，可考名号的书坊略有百余间②。

《南海续志》记"双门底卖书坊，阮文达公督粤(1818—1827 年)时弥盛，曾以命山堂课士题。"以学海堂(1824 年)、菊坡精舍(1867 年)、广东书局(1868 年)、广雅书局(1887 年)为主的四大官刻，以及十三行行商伍崇曜、潘仕成等的私刻最为著名。坊刻指

---

① 徐绍棨 . 广州坊里志稿(手稿). 中山文献馆藏：34.
② 李绪柏 . 清代广州的书坊[M]//老广州写照. 合肥：安徽文艺出版社，1999：236-237.

书坊刻印的书籍，是纯为商业盈利。社团刻指宗教、善堂、文教学术等团体刻书。约在1829—1844年间，美国人亨特曾饶有兴味地记述海幢寺、长寿寺等附带的印刷作坊："在明亮的屋子里，在由地面到屋顶的浅浅的架子上，像欧洲专卖小商品的商店那样，用一个个小间隔开来，极有秩序、极整洁地侧放着曾经用来印过各种题材作品的木版。几乎每一个小间上方都有一条标签，标明里面存放的书版名称，以便能毫无困难地找到。"①清代刻书坊最古者为乾隆年间创立的达朝堂，道光以后刻书坊很多，主要分布在双门底(北京路)、西湖街(西湖路)、学院前(教育路南至书坊街)，城外在十八甫、十五甫、龙藏街也有一些。民间刊刻木鱼书、班本(剧本)、龙舟、民歌一类通俗读物的书坊中较为著名者为清同治、光绪年西关第七甫的丹桂堂、五桂堂，其中五桂堂还曾于香港荷里道开设分店，销路很广。一时间官刻、私刻、坊刻、社团刻等蔚然成风②。由于印刷术的改进，这些书坊在1949年后大多都宣告结业。

清末广州府学大概在东至府学东街(文德路)，西至府学西街，南至文明路，北至番山以北，大概在今第一工人文化宫、孙中山文献馆、番山亭一带。清末广东府学的建筑颇具规模，自文明门始至番山呈轴线布局，可惜的是目前存留下的建筑遗迹仅有翰墨池以及数十株古木而已。文德路旧称府学东街，1918年扩建马路时更名。其东侧为广东贡院，明清省城会考时全省士子云集于此，由此形成了以书籍、古玩、字画、装裱等为主的街市。清咸丰年创建的广州老字号文具用品商店"三多轩"，1956年迁至北京路322号，1999年迁至文德路。由于书画、装裱等是纯手工作业，文德路一带的装裱行业属于少数延续清代行业模式的街道。清末装裱铺目前所见图像资料有二，其一规模较小，只有室内的影像，可以看出工作台放置中心后，基本没有多余的空间(图2-6、图2-7)。另外一个是民国画报的形象，因只是画面的局部，可以看到山墙面有书写"补裱古今名人字画"，室内墙面有装裱好的扇面、字画(图2-8)。

(三)商业空间形态

由天字码头弃船登岸，南以天字码头为界，北以子城南墙为界，东西为林立的店铺。这是一个由码头、牌坊和小广场共同限定的空间。走过繁盛的商业通衢，穿过永清门，走大南直街，过护城河，来到正南门下，空间在此处突然收缩。过正南门走雄镇街，拱北楼遥遥在望。在以平房为主的市区中，拱北楼颇为醒目，很有集中收束视线的效果，

---

① [美]亨特.沈正邦,译,章文钦,校.旧中国杂记[M].广州:广东人民出版社,1992:227-229.

② 广州市志·出版业[EB/OL].广州地方志网.

也打破了城址南扩带来视觉轴线过长的弊端。背依越秀山的官署，督、抚、藩三署一字排开。两广总督署居中，右边是抚衙(今人民公园)，左边是藩司(在今财政厅)，合省最高权力机关均密集于此。视线向北延伸，可见越秀山顶的观音阁，以及更北处的镇海楼(图2-9)。

图 2-6　清末广州装裱铺(底图引自《广东百年图录》，作者改绘)

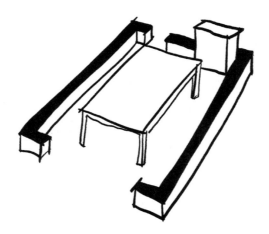

图 2-7　清末广州装裱铺(底图引自《广东百年图录》，作者改绘)

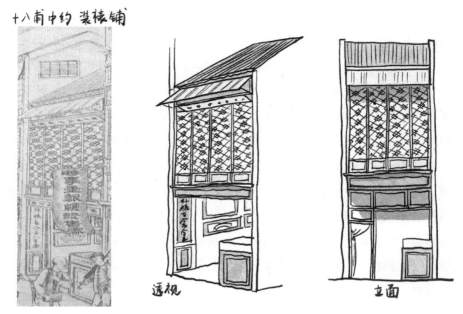

图 2-8　十八甫装裱铺(依据民国画报整理)

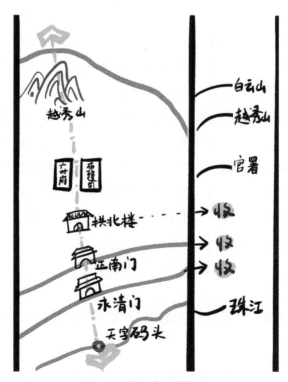

图 2-9　传统南北中轴线

街市的最佳状态在于形成网络，双门底也并不例外，通过东西向的街道与城内其他主要市场沟通。拱北楼本是城楼，后将其包入城中，横亘在街道中。在宋人刘克庄的《广州重建清海军楼双门记》中，"筑基广十丈四尺，深四丈四尺，高二丈三尺，虚其东西二间为双门"。以1宋尺折合0.32米计算，拱北楼面宽达30多米，进深14米多，楼高7米多。明正统六年(1441年)《重修羊城街记》记录了由官府倡议修整街道的事件，"名公巨卿""文武官属、郡邑义士"响应、争先捐助；"募工伐石，以甃砌之，无何告成，广二丈五尺，延袤约数十里，平衍坚完"。王莹提出修整道路不仅使交通便利，更是改良城市形象的关键，"非惟利于行者，城池为之增观，省府为之增胜，居民第宇为之增丽"①。明代来华的传教士也称，主要城市的接官道都很广阔，可容"十人或十五人并马而行"，街道左右还修有"带遮顶的人行道"②。1921年颁布的《广州市市政公所规定马路两旁铺屋请领骑楼地缴价暂行简章》规定各路骑楼地价分七等，其中永汉南路、永汉北路、惠爱中路均为甲等地，是商业最繁华地段③。

(四)商业建筑形式

明清时期街道的商业建筑在现广州市区内已经很难寻觅踪迹，但是房屋基址由于产权的问题可以留下一些印记。沿江一带与双门底附近的建筑肌理有较大的区别。如大南路、玉带濠、高第街、水母湾、沿江路等，自北向南标识出了珠江岸线的变迁。街道内的建筑物进深很大，店铺立面多面向水面或濠涌。

民国画报中有城隍庙前街市(图2-10)，出现了广祥洋货店、云来阁茶楼两处店铺。广祥洋货店兼营车衣，门头檐下除了悬挂字号、市招外，还挂有制衣铺的实物幌子，山墙墙招有"车衣"等字样。室内除了洋货店货台外，正中摆放脚踏缝纫机一台，顶棚下悬挂了不少衣物。云来阁茶楼在店门口放置玻璃饼柜(高柜)标明身份，装饰有花几。首层做通花花罩，室内有梯直上二楼。二楼裙板装饰斜万字纹，正中书字号"云来阁"。其建筑体量并不突出，装修较为精美。

(五)市井文化

在牌坊、桥梁、寺庙、官署等建筑物周围开展贸易活动是非常普遍的情况。双门底

---

① (明)王莹《重修羊城街记》。
② [葡]克路士. 中国志[M]//[英]C.R. 博克舍. 十六世纪中国南部行记. 北京：中华书局，2002：71.
③ 广东省现行单行法令丛纂(市政)[M]. 广州光东书局，1921：29.

有花市在"藩署照壁方岳木牌坊下"，徐澄溥的《岁暮杂诗》记："双门花市走幢幢，满插箩筐大树枿，道是鼎湖山上采，一苞九个倒悬钟"（《菊坡精舍集》）。朱次琦的《是汝师斋》中的一诗《消夏杂咏》有"约买承宣坊下花"之句①。"每届岁暮，广州城内双门底卖吊钟花与水仙花成市，如云如霞，大家小户，售供座几，以娱岁华"（张心泰《粤游小记》）。双门底夜市也颇具特色，清初陈子升的《拱北楼望仙湖里故居》称："楼下双门车马尘，楼头五夜唱鸡人"。潘贞敏的《佩韦斋诗钞·花市歌小序》记："粤省藩署前，夜有花市，游人如蚁，至彻旦云"。

图 2-10　民国城隍庙前街市（引自中山大学图书馆藏《时事画报》《赏奇画报》合订本）

二、四牌楼与南关

四牌楼与双门底一样，不只是地名，也是街名。街道从归德门入，所以也称归德门直街。1929 年拆城墙开马路时，改称中华中路；1950 年，改称解放中路。牌楼由于阻碍汽车交通，在 1947 年相继被拆除，分别移至越秀山南麓、儿童公园和中山大学，在"文化大革命"中基本被破坏殆尽。1999 年，中山大学重修的乙丑进士坊本原也在四牌楼街，始建于崇祯八年（1635 年）。

---

①　黄佛颐. 广州城坊志[M]. 广州：广东人民出版社，1994：219.

四牌楼街是内城最长、最主要的商业街市之一，它的形成与城市地理水文的关系尤为密切。自四牌楼向南有小市街，明代小市街南接一德路处临珠江。由四牌楼向北至大北门，出城门正是兰湖码头。

(一)商业环境特色

四牌楼街道上有四座重要的牌坊，分别为惠爱坊、忠贤坊、孝友坊、贞烈坊①。此四座同时建于明代中叶的牌坊，均为群体而设。虽然四牌楼街上还有多个牌坊，如盛世直臣坊、熙朝元老坊等，但依其旧习只称"四牌楼"。

清代四牌楼街已经是牌坊林立，每座相隔20~30米，构造大致相同，三间四柱，材料均为石制，夹杆做成石鼓或石狮，雕镂精美。一座座雕饰精美的牌坊丰富了街道的空间层次与细节。与较常见窄而高的空间比例不同，街道的整个比例比较舒缓。密布的牌坊将街道空间间隔为更为宜人的空间尺度(图2-11)。

图2-11 中华路四牌楼(引自《广州老影像馆》)

(二)商业空间形态与业态

城西的河涌主要有驷马涌、澳口涌、上西关涌、下西关涌、柳波涌，城外有西濠、

---

① 刘文澜．四牌楼风物琐记[M]//广州市地名学研究会，广州市地名委员会办公室．广州地名古今谈第二辑．广州：广东省地图出版社，1992：150.

《白云越秀二山合志》称"以其坊名其街，由来久矣"。

东濠，这些濠涌汇集于大北门或归德门下，而贯穿城门的街道——四牌楼大街正是市内物资最为集中的地段。

驷马涌、兰湖的变迁、八旗驻防制度可能是对街市形态影响最大的三个因素。四牌楼北出大北门位置自唐代开始就是商舶起陆点，是广州重要的内港兰湖码头，向西走驷马涌、向南走西濠皆可入珠江。南海县署自隋到宋都是建在兰湖岸边，到元代才迁走。这个位置在历史上特别重要，不仅是繁忙通津，更是军事要地。南朝宋明帝泰始四年（468年），刘思道造反正是由此水道攻广州。清咸丰四年（1854年）李文茂、陈开率洪兵也曾与清军大战于此。唐代兰湖码头还建有接待南来大员的"津亭"，"海郡雄蛮落，津亭壮越台"（张九龄《郡江南上别孙侍御》），"薄暮津亭下，余花满客船"（张九龄《与王六履震广州津亭晓望》）。明代"津亭"改称"华节亭"。入明以后，小北江泥沙多、河床渐高，兰湖相对变低，驷马涌河水变浅、排水不畅，加上靠近城市，明代已经迅速淤积，"不复通海"①了。

四牌楼南出归德门，走玉带濠、西濠可入珠江。唐宋时期广州另一个重要的内港——西澳码头，以及外商聚居的蕃坊正处于四牌楼西南侧；这里不仅是全广的贸易核心，在全国范围都是首屈一指的。明以后较为封闭的贸易政策，使这一区域也迅速衰落。但这个区域还是有一定的发展基础，如果完全破败了，在洪武年也就不必要连三城，将其包入城中了。明代蕃客来华被限制在城外临江的小范围内，已不允许在旧蕃坊自由居住了。

清乾隆二十一年（1756年）平三藩后，开始派八旗兵驻防广州。八旗兵驻防的区域约略是唐宋蕃坊的位置，东自四牌楼（今解放中路）街中心起，西至西门城墙（今人民中路）止，南自大德街（今大德路）归德门城墙起，北至光塔街（今光塔路）街中心止。八旗兵驻防遵循严格的满汉隔离制度，满城内所有设施一应俱全。满城中除了有总督衙门、水师提督衙门等官府衙门，还有八旗的宗祠八间，另有供奉观音菩萨的观音楼一座。《驻粤八旗志》卷二"建置志"中记载满城中的设施有衙署、军署、兵房、堆卡、台、栅栏、箭道、马圈、应火援、印务处、公衙门、左司衙门、右司衙门、官学、义学、书院、同文馆、粮仓、银库、军器库、火药局、监狱等，其余的房舍、酒楼、街市等民众生活设施应有尽有，在广州当地居民的包围中形成一个界限分明、自给自足的小世界。这些驻防旗员享受"钱粮制度"的各项待遇、生活稳定。为了保证八旗兵驻防的军事技能，八旗官兵的生活也有诸多限制，包括不能从事农业、手工业、工商业。清末驻防八旗兵由于缺乏生活技能，陷入贫苦的境地。

---

① 黄佐《广东通志》。

清代商业最繁盛区域全部向西南沿江拓展，后由于大观河水道的兴起带动了西关的成形。梁储在《广州新开西河记》中称，广州城内外沟通有两条主要河道，一为东至西，由永安桥至归德桥下；另一为由西到东，从太平桥至归德桥①。归德门是水道运输入城的最主要出入口。归德门由于地近西濠涌、外临玉带濠，因此其旁之濠畔街自宋开玉带濠以来就是商贾聚居、士绅游玩之地。"朱楼画榭、连属不断""隔岸有百货之肆，五都之市，天下商贾聚焉"。明代黎遂球(1602—1646年)有《过张乔故居诗》序云："西楼多住丽人，居临濠水……客归偶问渡濠畔，经乔故居，殊伤往事……"明代文渊阁大学士胡广年少时，也曾在濠畔街为商贾。② 清人吴兰修的《桐华阁词·自序》(约1821年)："南濠西达珠江，相传临濠旧为平康里……洪武十三年，拓城填濠，止容二艇，红楼翠馆，改为珠市矣。"明初濠涌变窄后，濠畔街街市变化很大。

宋代玉带濠60多米宽，9米多深，在明代连三城之前还可入海船。归入城池范围后，濠涌日渐狭小，明万历年间其宽度只剩下15米左右，明末则已经不用渡船过河，而是直接"飞桥跨水"。清代政局稳定后，商业也渐行恢复，但主要已经转移到珠江岸边，玉带濠作为内濠的航运价值已经不复存在。③ 清代濠畔街有不少客寓广州的商贾居住、贸易。蔡士尧《荆花书屋诗钞》自注云，"宋南汉时，妓馆多在南濠，今皆为客寓，即濠畔街"。俞洵庆《荷廊笔记》："隔岸为濠畔街，商贾聚焉，今街名如旧，市肆依然。"《南海县志》称，"富贵巨商列肆栉居，舟楫运货由西水关入，至临蒸桥络绎不绝"④。归德门外有武林会馆在晏公街，杭州之商人至粤经商恒集其中。濠畔街西端由于地近西濠口，在清乾隆嘉庆年间逐渐成为市内的金融中心。位于濠畔街的商铺主要是存放汇款的大银号，兼理门市金银兑换，与早期丝业的发展大有渊源。当时计有阜康银号、浙号银庄、义善源、源丰润等。光绪中期后，广州金融业受到影响，银号逐渐倒闭或转移至上海。咸丰、同治年间，濠畔街主要是外地商人经营的土产批发、中药等店铺，都是前店后仓的布局⑤。

由归德门入城，即至四牌楼街市。这条街市涉及历史因素、水运贸易、濠涌的淤积、墟市的功能(计有贸易、聚居、冶游、行会等)，以及周边墟市的关系等，其风貌的成因需要从多方面理解，是多种作用力共同的结果。

由明自清，南部河涌的水道宽度日渐减少。明代此处夹水设肆，店铺借重水体的景观效应，形成富有特色的空间环境。到清代，这类型的店肆就不多了，取而代之的是利

---

① 黄佛颐. 广州城坊志[M]. 广州：广东人民出版社，1994：327.

② (清)阮元《广东通志》。

③ 曾昭璇. 广州历史地理[M]. 广州：广东人民出版社，1991：191-193.

④ (清)《南海县志》，引自：黄佛颐. 广州城坊志[M]. 广州：广东人民出版社，1994：518.

⑤ 龚伯洪. 商都广州[M]. 广州：广东省地图出版社，1999：83.

用濠涌便利做批发生意的栏口，如小南门的柴栏、糙米栏，大南门的春砍栏，归德门的黄婆栏等。清末西关纺织业兴盛，故而四牌楼服装售卖业尤为突出。清末民国初年，售卖故衣的店肆有六七十家，如经纶、福隆、信昌、协成、健昌、泰安、公和等。大德路至四牌楼街中段都是比较高档的故衣店，主要售卖古董、裙褂、红缨帽、织锦等。四牌楼街南端主要硬木家具店、金铺。而城北出北门多为荒野坟墓，故而专打石碑的行业在此成市。

(三)商业建筑形式

民国画报中出现了四牌楼街故衣店的建筑形象，建筑为单开间单层(或有夹层)形式。两铺并列均为售卖故衣，门头挂有实物招幌，立面正中书字号分别为"广全""公益"。店铺中货台都是临街设置，店面部分全部开敞，设有椅凳供顾客休息(图2-12)。

图2-12 四牌楼故衣店(引自中山大学图书馆藏《赏奇画报》《时事画报》合订本)

(四)市井文化

清代四牌楼街的灯市多为满族人从业，"岁元展□，迄上元最盛，复有菩提叶灯诸名刹特宜"①。壬申《南海续志》称，"灯市在四牌楼暨绣衣坊，旗民多业此，岁元旦迄上元

① (清)郑梦玉，等.道光 南海县志[M].台北：成文出版社，1967：127-129.

最盛"。阮元《羊城灯市》云："海鳌云凤巧珑玲，归德门前列彩屏，市火蛮宾余物力，丰年羊穗复仙灵。月能彻夜春光满，人似探花马未停，见说瀛洲双客到，书窗更有万灯青。"①《羊城竹枝词》有，"节近元宵乐未休，买灯花到四牌楼，愿郎买得灯花后，照妾青春到白头"。明末义士陈邦彦正是在"四牌楼被刑"②，起兵反清的陈子壮被佟养甲肢解后，也是悬首级于四牌楼示众③。

三、二牌楼与东濠

（一）商业环境特色

二牌楼在内城东北，由小北门向南至仓边街，为南北向的街道。内城分属南海县与番禺县，中以双门底作为界线分割，二牌楼属于番禺县。在内城东部，官署、军营占了大半面积，所以广州民谚素有"东村西富"之语。

民国《番禺县续志》引《广州快览》，"本邑与南海县，均广州附郭，自老城双门底、新城小市街、城外五仙直街以东，属本邑境，均非商场所在。其中惠爱街、双门底、高第街一带，虽素称繁盛，然各店营业，多属门市，范围至狭。果栏、菜栏、东猪栏、东鱼栏，各栏口为四乡农民与全城商贩交易之枢纽，范围较广。麦栏街、海味街、太平沙、增沙，各盐馆为全省盐业交易之枢纽，范围更广。但均未能出国门一步。纵观捕属各街行口固无，庄口④亦不多也。"即便清末城东的商业还是集中在双门底、惠爱街、高第街等偏中心的地带，而东濠口向来为国内盐业、四乡土产聚集之所。

在明代成化三年（1467 年）前，二牌楼只是文溪下游河道，小北门还有月形水门，文溪可穿城而过。文溪水流经二牌楼、仓边街、大塘街，出清水濠⑤。成化三年（1467 年），在朱紫岗凿渠使文溪水转东南入东濠，由于人工开凿的谷地比小北门狭窄很多，故而暴雨突来、洪水泛滥时水流自然转回旧路，二牌楼一带则成泽国，民房冲塌，多有居民被淹死，其状惨烈。民谣有"落雨大，水浸街"之语。清道光十三年（1833 年），大雨致城内受灾街道水深达四五尺，一直淹到芳草街、东华里一带，居民避险不得已迁移至城墙顶、

① 黄佛颐. 广州城坊志[M]. 广州：广东人民出版社，1994：295.
② 罗天尺《五山直林》。
③ 黄佛颐. 广州城坊志[M]. 广州：广东人民出版社，1994：294-295.
④ 庄口，又叫金丝行，是一类对外贸易转运的商店，由银铺负责贷款周转银钱，自行办货、自负盈亏。主要是在广州购办货物，转运外地，按其运输目的地也称上海庄、金山庄等。参见《城西旧事》。
⑤ 曾昭璇. 广州历史地理[M]. 广州：广东人民出版社，1991：182.

越秀山才得存活①。这一情况直到麓湖水库兴建后才得以改善。

（二）商业结构与业态

二牌楼向南出清水濠，可通东濠口。宋代东濠涌已是船舶云集，水面有30米宽，是东城薪、米、木、石、粪、草的出入孔道②。周边至今仍有糙米栏（今东濠涌以东）、东猪栏（今海印桥头附近）、蚬栏（今东濠涌以西）、东船栏街（大沙头三马路北）、永安横街等地名。

清代广州郊区发展成为以城内消费为导向、供求关系为机制、产品价值为追求的农业生产方式，紧密了城郊与城市的经济联系③。二牌楼作为商业街市始于清中叶后，主要作为肉菜市场④。小北门外的蔬菜种植对清末二牌楼的兴起起到了主要的促进作用。明朝作为蔬菜产区的西郊、泮塘多为低洼池塘，土质只适合种植水生蔬菜。嘉庆年间（1796—1820年），城东北五桂巷、湛家园以南、天关里以北都开始辟为蔬菜产区。二牌楼真正成为市内的主要蔬菜产区是在鸦片战争以后。除了蔬菜种植外，二牌楼西有鱼塘，《白云越秀二山合志》称其"烟波浩淼，藻荇交错"，占地很大，渔产颇丰，因收益尽归将军衙门所有，民间称为"将军鱼塘""鞑子鱼塘"。清末光绪三十年（1904年），知府龚心湛在小北门内飞来庙旁筹建工艺厂，加工藤编器物，产品经金山庄、洋庄出口⑤。除了肉菜市场外，河泊所以及宝广钱局也在附近。⑥

（三）商业空间形态

二牌楼地处越秀山麓，风景优美，唐会昌中节度使卢钧曾疏浚此处河道，于河岸种植木棉、刺桐，风景特别优美，南汉时更被辟为甘泉苑。仓边街的惠竺寺由于环境清雅，受到备考士子的欢迎⑦。19世纪50年代，出现的郊外茶寮集中于小北门外下塘村道旁

---

① 乔盛西，李仲伟. 广州地区历史时期水灾的研究[M]//广州地方志编撰委员会办公室，湖北省气候应用所. 广州地区旧志气候史料汇编与研究. 广州：广东人民出版社，1993：660-661.

② 曾昭璇. 广州历史地理[M]. 广州：广东人民出版社，1991：184-185.

③ 冼剑民. 清代广州城郊农业的模式与演进[J]. 广东社会科学，2005（3）.

④ 周边还有肉菜市场以及迎恩桥市，永安桥市，正东门市，仓边街市，小东门市。参见《广州市志》。

⑤ 广州市志. 工艺美术工业志[EB/OL]. 广州地方志网.

⑥ "番禺县河泊所，旧在南门大巷口，后迁天马巷，今在仓边街"（乾隆年间《广州府志》）。河泊所主要职责为征解渔课、管理渔户。一般每个河泊所管理的渔户少则数十，多则成百上千。

"宝广钱局，在内城仓边街"（阮元《广东通志》）。

⑦ 《白云越秀二山合志》有，"惠竺寺，在仓边街，房院清洁，晨夕书声，士子僦居者趋焉"。引自：黄佛颐. 广州城坊志[M]. 广州：广东人民出版社，1994：67.

(今登峰路)①，更促成了园林式茶(酒)楼的诞生。

（四）建筑形式

广州因为地势低洼受到咸潮影响，一直存在饮用水咸苦的问题。东吴时陆胤为交州刺史，引白云山菖蒲涧溪水进广州城。由于水质甘美，被称为甘溪(下游称文溪)②。清末画报中也载广州居民喜好山泉水，故有担山泉水为业者。担山泉者自山麓取水后，经小北门折返入城贩卖③。民国画报中载一依据城墙而建的单坡木屋，依靠城墙，可减少一面墙体的工程量；整个房屋均为木板拼凑而成，体量非常小、形制简陋(图2-13)。据此推测清代小北门一带的商业建筑都还是比较粗陋。民国时期，扩建的小北路、白云路等修建得尤为宽阔。清末小北门外兴起的郊外茶寮，也是简陋的松木竹篱。

图 2-13 民国二牌楼小北门一带(引自中山大学图书馆藏《赏奇画报》《时事画报》合订本)

① "广州北门外多坟，弥望皆是，市廛尽处有快阁，为行人茶憩之所"［(清)金武祥《粟香随笔》卷六］。

② 《太平寰宇记》有载"菖蒲涧一名甘溪"。《番禺县志》记"在蒲涧，东汇为流杯池，沿涧曲折而南，为行文溪。水流入金钟塘，注于粤秀山麓"。

③ 《时事画报》《赏奇画报》合订本，中山大学图书馆藏。

第三节　外城商业建筑布局与特色

道光《南海县志》中绝大多数笔墨都用于描写十三行地区的繁华之景，"十三行互市天下，大利也，而全粤赖之。中外之货坌集，天下四大镇殆未如也"①，此外连带记述了周边河南鳌洲、联兴街、沙面、鬼基等地的繁华。西关与河南两者间的关联性比较强，都属于由移民村落逐步发展为市廛，与对外贸易密切相关。

一、西关与西濠

"羊城西郭外，其地统名西园，即俗称西关也"（《粤台征雅录》）②。西关自秦代起先后隶属于番禺、南海县、郡管辖。宋太祖开宝五年（972 年），西关属南海县，此后隧成定制。俗称西关的地段属于南海县捕属，西村、泮塘一带农村属于南海县恩洲堡。在清前期的志书、城图中并未出现对西关的描绘，如康熙年间的《广州通志》《南海县志》以及乾隆年间的《广州府志》等；直到清末，西关织造机房、街区等才出现在道光年间的《广东通志》的地图中。③

明清时期，广州城内商业非常繁荣，经营瓷器、糖、香料、生果、药材、丝织、藤竹等的店铺鳞次栉比。1514 年，葡萄牙人科尔沙利称，广州繁华的商业市场以及经营瓷器、丝绸的商店，让人目不暇接④。清中叶以后，西关成为广州的商业核心，各行各业极其丰富。河涌、基围、移民等因素对西关的发展影响至深。

（一）商业环境特色

19 世纪西方人所绘制地图中，西关主要干道与河道之间的关联清晰可见，如驷马涌与西华路，西濠与光复路，上西关涌与龙津路，下西关涌与恩宁路、上下九路等（图2-14）。清代《南海县志》中记述西关墟市有：撒金巷口市、宜民市、青紫坊市、沙角尾市、三摩地市、大观桥市、清平集市、十七甫市、半塘街市、长寿庵墟⑤。墟市几乎都沿主要河涌设立，如宜民市（第一甫）、撒金巷（今积金巷在第四甫）、青紫坊（今龙津东

---

①　（清）郑梦玉，等 . 道光　南海县志[M] . 台北：成文出版社，1967：127-129.

②　黄佛颐 . 广州城坊志[M] . 广州：广东人民出版社，1994：533.

③　曾新 . 明清时期广州城图研究[J] . 热带地理，2004（3）：293-295.

④　蒋祖缘，等 . 简明广东史[M] . 广州：广东人民出版社，1995：256.

⑤　黄佛颐 . 广州城坊志[M] . 广州：广东人民出版社，1994：536.

路在第七甫)、三摩地(第八甫)、长寿庵(上西关涌)等①。河涌、主街、市场三者之间形成紧密的联系，创造了富有地区特色的商业环境。

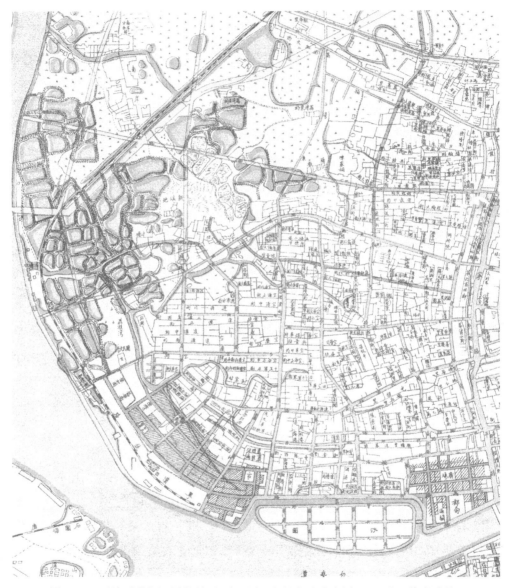

图 2-14　西关干道与河涌的关系(底图为《广州市马路全图，1947》，作者改绘)

---

①　"宜民市在西关第一津"，即西濠第一甫(黄佛颐.广州城坊志[M].广州：广东人民出版社，1994：552)。"日泉井，在旧青紫坊千佛寺侧，太阳照耀、与日泉相望。今湮。"日泉在第七甫水脚(《岭南丛述》)。

40

西关东部与城池相邻位置为西濠，西濠是沟通兰湖码头与沿江商区的重要交通纽带。《广东通志》记："西濠在省城西。宋经略使陈岘浚濠通江，建东、西二闸。及元至元中，宣慰使张世杰班始建木桥，高跨西坝以通往来，名曰太平桥。明洪武以后，屡修之。"宋代西濠经过整修后，在西濠口修筑太平桥(在今人民南路与光复南路之间，地名尚存)沟通往来。"成化八年，都御史韩雍改砌以石，引流自西达江，舟楫出入，虽海风大发都不能为患。嘉靖五年，巡按御史涂相从郡人彭泽议，分东、西展流，径西直入于海，建大观桥其上。"

明代兰湖码头已经不负使用，成化八年(1472年)开始改在曹基北面洼地开下西关涌南支"大观河"，"从此桥(太平桥)之西，而益凿之，或因其洼下以为深，或顺其地势以为曲，深皆丈二尺，广皆七丈，长直过十八铺柳桥馆，迤西之南浒，而水由桥中入以出焉，长可四百余，丈其疏凿之处或有与民居相碍者则别以官地、官帑偿之，他日东浒之桥宜仍曰太平，存旧额也，南浒之桥宜扁曰大观。"((明)梁储《郁洲遗稿·广州新开西河记》)

明代大观河上有八座著名桥梁——汇源桥、蓬莱桥、三圣桥、志喜桥、永宁桥、牛乳桥、大观桥、德兴桥，"桥心月色灿流霞，桥外东西四大家，宴罢画堂归去晚，红灯双导绛舆纱"((清)蔡士尧《西关八桥·大观桥》)，史称"八桥之盛"。大观河在万历以后不断淤积，到1573年已经不通西濠了，1681年还可通舟至南海西庙，1872年淤至瑞兴街，1928年淤至光雅新街[1]。

西江、北江的商船走佛山水道，由大通港入柳波涌[2]，沿下西关涌走玉带濠可至归德门下。"(西濠)与玉带河相贯，刍粮舟楫，东西转输"(钟启韶《读书楼诗钞》)。柳波涌本是与珠江平行的宽阔河涌，明代有"柳荫潮浪"之说，清代称沙角尾、芙蓉涌。

西濠出珠江后，在太平桥位置折向西，自大观河出柳波涌入珠江。《广东通志》记"后总督戴曜、巡按李时华开复太平旧濠，绕新城而南达珠江，实为省会永利焉"[3]。时有风水师进言，认为向西展流"以为不便"，后开通南向入江濠涌，"而省会风气始称完密云"[4]。又在西濠第二甫，即今西华路东端北侧地近大马头，修建祠庙以壮大风水形

---

①　曾昭璇，曾宪珊．西关地域变迁史[M]//荔湾风采．广州：广东人民出版社，1996：34．

②　"(柳波涌)在郡城西十五里。又西南二十四里曰奇堪涌，又西南二十里曰大通港。舟楫往来，流入于海。转二里曰英护塘，一名腰带水。"引自：(清)仇巨川．羊城古钞[M]．广州：广东人民出版社，1993：140．

③　(清)仇巨川．羊城古钞[M]．广州：广东人民出版社，1993：100．

④　黄佛颐．广州城坊志[M]．广州：广东人民出版社，1994：559．

势。"(雄镇祠)在城西第二铺。明万历三十三年(1605 年),居民请建以壮风水"①,万历以后西濠的走势再无大变化。道光年间的《南海县志》中引《梁储记》载:"昔之僻地,今即通津,居贾行商,往来络绎,脱遇风涛骤作,则千万舫皆可以御舻而入避。"这是西关平原重要的商业物资运输水道,造就了十八甫商业区的繁荣。明代西方人记录西濠的水运情况,称运输的船只多得"令人惊异","开走的船只是满载而走,开来的船只是满载而来,都接受货物和携运货物。""这些船只运载大量的布匹、丝绸、粮食等商品及其他货物,有的进入内地,有的来自内地。"②

上西关主要是以农业村落为主,上西关涌实际上是驷马涌的南支,其向南转入泮塘后,入柳波涌出珠江。明清时期对上西关的开发最初是通过建设基围,保障农田不受洪涝灾害开始的。基塘是非常富有广东特色的文化景观。明代西关的基塘可能以果基为主,"广州凡矶围堤岸,皆种荔枝、龙眼,或有弃稻田以种者"。清初文献记载,荔枝成熟时,自黄埔庙头至白云区沙贝,沿途荔枝堆积成山,做木箱打包的专业户都有几百家③。正是"一湾江水绿,两岸荔枝红"的丽景,故将城西池塘称为"荔枝湾","荔湾渔唱"为明代羊城八景之一。清中叶对外贸易的发展使得对丝织品的需求迅速增加,刺激了果基向桑基的转换。前后两次掀起了改建桑基的高潮,此后果基就比较少见了④。(图 2-15)

(二)商业空间形态与业态

丝织业。

西关丝织业有悠久传统,宋、元的《南海志》都载:"星井泉,在金肃门外绣衣坊,凿井之始,井中见星,故名。""广之线纱与牛郎绸、五丝、八丝、云缎、光缎,皆为岭外京华东西二洋所贵"(《广东新语》)。明代,广州的棉花主要依靠从印度或江南地区购进,本地织造后再售卖至各地。明嘉靖年间,黄佐《广东通志》称:"棉布南海乡村最多,棉布经纬细密为上,斜纹布精密者为上,又有胡椒布,亦名象眼,熏炒花布,雪被诸品。"随着桑基鱼塘逐渐普及,广州丝产量有了显著增长。叶廷勋《西关竹枝词》有:"阿姨家近绣衣坊,嫁得闽商惯趁洋。闻道昨宵巴塞转,满船都载海南香。"⑤上西关主要有四条基围:高基(明代?)、带河基(清)、西乐围(1764 年)、永安围(1829 年)。原本基围

---

① (清)仇巨川. 羊城古钞[M]. 广州:广东人民出版社,1993:182.
② [葡]克路士. 中国志[M]//[英]C. R. 博克舍. 十六世纪中国南部行记. 北京:中华书局,2002:78.
③ 屈大钧. 广东新语[M]. 北京:中华书局,1997:624-625.
④ 司徒尚纪. 广东文化地理[M]. 广州:广东人民出版社,1993:112.
⑤ 陈永正. 中国古代海上丝绸之路诗选[M]. 广州:广东旅游出版社,2001:318-319.

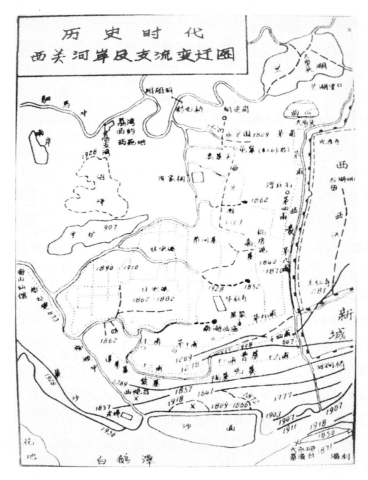

图 2-15　广州西关河岸及支流变迁图(引自《荔湾风采》)

都在村落周围，但是清中叶以后桑基鱼塘的普及，彻底改变了其面貌。关于这个变化过程，或者可以参考南海县五斗司叠滘村的情况，一定程度上反映出村落丝织逐步走上近代工业化的发展轨迹。

　　南海县五斗口司叠滘村有叠滘墟，明代开始此地的妇女就多以织布为业。乡内家庭妇女多买纱回家，自洗自浆，以简陋的土织布机纺织，这种布被称为"家机布"，宽仅尺许，平纹原色。明嘉靖进士都察御史庞尚鹏在其家训中写道，"女子六岁以上，发给吉贝和麻，听其贮为嫁衣……丈夫岁月麻布衣服，皆取给于其妻"。妇女最初多依靠简陋的矮木机，在家中生产平纹原色的家机布，逐渐成规模后设墟场交易。清末举人陈大年，倡建布墟于佛山文昌沙。乡人于墟期到布墟摆卖，客商同期来采买，此种生产、交易情况一直维持到 20 世纪 30 年代。

生产规模的扩大刺激了技术革新，矮木机已经不能满足要求。新型织布机需要更大的空间，以及相当数量的操作工人。作为村落而言，唯一合适安装新型织布机的空间正是祠庙建筑。20 世纪 20 年代，始兴、五华、兴宁的织造业商人，租用叠滘村各姓祠堂，改用先进的"客家机"，聘用本乡妇女入厂，也有发外加工的。此种布厂中，大的有布机百余架，小的有二三十架。一时间，乡内祠堂几乎全为布厂。乡间妇人织布打大筒、打竹骨，可谓盛矣①。在叠滘村，除了可以廉价租用各姓祠堂为厂房外，还有环乡的河水可作为天然洗纱池。此外，织厂还上门安装布机，让妇女可以足不出户在家织布②。到最后祠庙也不负使用时，新兴的纺织工业就此萌生了，如 1872 年南海陈启沅开办的"继昌隆"机器缫丝厂。

18 世纪晚期外销画"织染工场"图（图 2-16）中，将纺纱、织布、染色、晾晒、销售等产销步骤集合在一张画面中；整体来看，河涌贯穿场地，乡野风味浓郁，以加工作坊为主。物资生产后必然要仰仗河运销售，与清代西关空间环境非常类似。清雍正年间，已有丝织行、丝织厂分布于上下西关。纺织业带动了相关产业的发展，十八甫地区不负使用，清中叶以后开辟西乐围一带的村落，改为专业的作坊区③。主要在第六甫、第七甫、第八甫，转西向有上九甫、长寿里、茶仔园、小圃园、北连洞坤坊、青紫坊、芦排巷等地区，整个区域被开辟为专业织造的"机房区"，盛时织工达到三四万人④。机房区街名有锦华大街、经纶大街、麻纱巷、锦云里、锦华坊等。

纺织品商店集中在第十甫、上下九甫、杨巷、德星街；土布集散则在长堤石公祠一带，土布商店集中在状元坊⑤。

纺织业的兴盛带旺了十八甫银庄，形成（杨巷）卖布专业街、故衣街、装帽街等，并使印染、晒、（石）扇、浆缎、机具、制衣、制帽、制鞋、制袜、绒线等行业兴起。随着纺织业的发展，刺绣业随之兴起，乾隆年间广州有绣坊、绣庄五十余家，从业三千多人，集中在状元坊、新胜街、沙面等地。

---

① 尧天. 南海叠滘的棉布业[M]//政协南海县委员会文史组. 南海文史资料（第六辑）. 广州：广东人民出版社，1985：55-56.

② 陈遇安. 民国初期叠滘乡的纺织业[M]//南海市政协文史资料委员会. 南海文史资料（第十八辑）. 广州：广东人民出版社，1991：88.

③ 曾昭璇. 广州历史地理[M]. 广州：广东人民出版社，1991：387-388.

④ 蒋祖缘，等. 简明广东史[M]. 广州：广东人民出版社，1995：365.

⑤ 龚伯洪. 商都广州[M]. 广州：广东省地图出版社，1999：128.

图 2-16　18 世纪晚期"织染工场"(底图引自《晚清中国外销画》,作者改绘)

　　"太平门外率称西关,同、光之间,绅富初辟新宝华坊等街,已极西关之西,其地距泮塘、南岸等乡尚隔数里。光绪中叶,绅富相率购地建屋,数十年来,甲第云连,鱼鳞栉比,菱塘莲渚,悉作民居,直与泮塘等处,壤地相接,仅隔一水。生齿日增,可谓盛矣。"(庚戌《南海县志》)①19 世纪 60 年代以后,绅富相继在宝华、多宝、逢源、宝庆一带开街建屋,并逐步西扩,直至泮塘,发展为人烟稠密的高档居住区,广人俗称"大住家"。这样一群富裕新贵的聚集促成了消费场所的勃兴。茶楼酒肆、青楼楚馆多处于相邻的位置。清末,广州娼寮俗称"花林",主要集中在上下陈塘、洪恩里、谷埠、长堤一带,与之相应地,钱庄、烟馆、番摊、旅馆、食肆林立。

　　西濠。

　　康熙年间施行迁海暴政,番禺沿海渔民隧转至柳波涌、泮塘、西村等地。每日渔民于西濠第一甫售卖鱼鲜,时日久了竟也成了颇具规模的宜民市②。柳波涌一带(今黄沙),清初已有代客买卖的谷米埠,最初直接以木船在河面交易,后来米业商人开始设点经营。清末米埠固定米铺有百余家,并发展成为舂米、蒸酒、养猪、粮油、杂货一类的综合市场。米铺收稻谷后以人力舂成白米出售,同时以米蒸酒发客,酒糟用来养猪。19 世纪 90

　　①　黄佛颐.广州城坊志[M].广州:广东人民出版社,1994:534.
　　②　"移民市,在西关第一津。国初时,番禺县安插无业疍民于泮塘、西村诸处,此其贸易之集场也。今讹作'宜民'。……(1663 年)番禺疍户约万人,隧择柳波涌以及泮塘、西村,准其结寮栖止。此辈网耕罟橹,不晓耕作,惟日售其篙橹义糊口。第一津前,晨夕交易,罔非此辈,积久成市。所有居廛市井,因号曰移民市焉。"(《南海百咏续编》)引自:黄佛颐.广州城坊志[M].广州:广东人民出版社,1994:552.

年代，附近沙基一带已有"糠米行"，经营米糠、米碎、米碌等饲料①。以单一商品"米"发展出丰富的经营项目，各细分行业之间息息相关，有限的资源得到充分利用。如今黄沙已经成为大型的水产海鲜集市，清平药材市场扩展到沙基一带。

上西关涌在高基头有支流入长庚路，沿长庚路向东可至第四甫。清代在长庚路、第三甫、第四甫、第五甫一带，集中有寿板行即棺材铺，出售寿衣、棺材、祭帐等殡葬用品，也称"寿枋店""长生店"。（长庚路现已不存，地点为人民北路市第一人民医院附近。）第三甫至第五甫为今光复北路，1931年建马路时改名"光复"，以纪念辛亥革命。第六甫、第七甫、第八甫为清末西关机房区近邻，再向南至十五甫则为打铜街，清末民国初期，该街比较集中有制售铜铁器者在此开铺设档。清末打铜行盛时雇工达到两百余人，民国时期更是发展到七八百人的规模。但是手工锻造的铜铁器毕竟没有工业制品价格低廉、做工精美，故而很快衰落。

打铜街即今光复南路，现在主要是批发布行聚集地，其中一些铺面除了批发布匹，还兼营制服制作，隐隐有旧时坊店合一的痕迹。行业的兴衰是随着消费风俗改变而变化的，商铺的空间形式服务于当时的生产、销售程序。行业随城市地租、交通等因素自然调整，形成一个自发演进的过程。

十五甫转西有杉木栏、桨栏街等，这些街道在清代十三行馆区北面近邻。明末清初，杉木栏、天成路、一德路一带多为经营纸业的商号。清代杉木栏有数十家经营杉木及其他木材的店铺，杉木是广州建屋的主要木材②。一德路向东有泰康路，主要经营竹木器皿、搭棚用的竹篾和水上竹缆一类。十三行馆区东北角有个木匠广场，来华的外国水手、大班都很喜欢在此购买各种木箱、家具等③。长生店、打铜街、杉木栏、木匠广场，这些看似毫无关联的行业，被依赖水路运输的木材联系在了一起。看似随意的组合，实际上正是城市地理因素的必然结果。

上、下西关涌。

长寿寺（庵）创建于万历年，清雍正九年（1731年）编修的《广东通志》称其在"城西南五里，旧顺母桥故址"，寺在上西关涌分支玉溪涌、荷溪涌位置。清末抚粤大员王士祯记称，"广州城南长寿寺，有大池，水通珠江，潮汐日至"。由此可见，虽然清末濠涌淤塞，但水体还是与珠江有沟通的。清光绪三十一年（1905年），总督岑春煊下令拆毁长寿寺，售为民居。宣统二年（1910年）编纂的《南海县续志》称，长寿寺地改建戏院、铺户，

---

① 龚伯洪. 商都广州[M]. 广州：广东省地图出版社，1999：127.
② 梁基永. 西关风情[M]. 广州：广东人民出版社，2004：70.
③ ［美］亨特. 沈正邦，译，章文钦，校. 旧中国杂记[M]. 广州：广东人民出版社，1992：80.

寺产入官,所得六十万收益划归两广师范学费。① 其地至今依然有长寿东、长寿西、长寿中北、长寿直街等街名。

清末玉器行业六大堂口的成章堂、镇宝堂、裕兴堂、成福堂、崇礼堂、均裕堂的行友,在此集资买地筹建玉器墟。他们首先在今长寿西路 234#—236# 之地开崇德号,接着又在今长寿西路 224# 之地开祥胜号。崇德号专营零售,摆卖翡翠、玉器、钻石、宝石、杂石等;祥胜号则专营批发,主要销售大小玉镯和珍珠。玉器墟成了我国南方最大的珠宝玉器集散地。玉器制作则集中在大新路、文德路、长寿路、文昌路、带河路等地。清代道光年间成立的行会组织裕兴堂专门负责管理玉器墟及玉器摊档的摆卖。②

"海上丝绸之路"使东南亚、南亚出产的各种优质木材输入广州,明代郑和下西洋对硬木加工在广州的发展产生不小的影响③。明清时期,广式硬木家具的制作与苏作、京作一起并称"三大流派"。由于良材嘉木易得,广式家具喜用整料,雕刻手法刚劲,不若苏作拼接细料、精打细算;风格更大气、富丽,深受清朝内廷喜爱。明初硬木家具制作已经形成行业,到清末同治以后发展至鼎盛,作坊达百余家。这些家具作坊分布于小新街、麻行街、走木巷、绒线街、西华里、濠畔街、南胜里、西来初地、河南尾等地。④

广州的中药铺旧时集中在西关,如十八甫、桨栏路、和平路一带,至今仍有清平药材市场。著名的药铺老字号有奇和堂、杨枝馆、桐君阁、郑福兰堂、鹿芝馆、同春堂等。陈塘东南的清平路药材市场是全国 19 个专业药材批发市场之一,扩展后将陈塘南一带也包括在内。

(三)商业空间形态与建筑

西关商业空间形态,主要是因地理空间环境、行业特性而呈现不同的面貌。本书尝试将其分为:消费服务型、生产型、批发贸易型、祠庙型等空间形态。

消费服务型。

西关这类商业空间是历史最为悠久的,正如上文所述及的明代大观河一线,商业市肆夹水而设,堪称丽景。清以后,大观河逐渐淤积不复通西濠,西濠由太平桥南入珠江,按照常理大观河一带应该逐渐衰落,但是清末宝庆一带高档住宅区的兴起,使其又焕发生机。此时明代作为城内消费服务集中地点的濠畔街、清水濠一带,因为豪绅争占水面

① 黄佛颐. 广州城坊志[M]. 广州:广东人民出版社,1994:564.

② 《广州市志》卷5 工艺美术工业志,见广州市地方志网。

③ 宋欣. 海上丝路影响下的古代广州城市建设和建筑发展[D]. 广州:华南理工大学,2007:218.

④ 《广州市志》卷5 工艺美术工业志,见广州市地方志网。

而日渐淤浅，故而消费服务行业开始向西转移。清代大观河大概到光雅里位置，向西行再折返后北通荔枝湾，环境优美。

明代的大观河只能让我们想象其景观，但是近代的陈塘一带还是留下了一些印记，存留的近代商业建筑集中在梯云东与珠玑路交界位置。南北平行走向有上陈塘与陈塘南两条街道，可以看出大观河河道的影响。上陈塘2#还存有民国时期的惠来旅店（图2-17），建筑坐北向南，青砖木结构，楼高3层，立面刻有"华翚建筑公司承造"的字样。楼顶层有雕花石柱，并刻有"惠来旅店"字样，外立面保存良好。梯云东路198#有民国同和栈酱园，立面爱奥尼柱式与三间四柱牌楼并存，是个较为典型的折中式建筑（图2-18）。

十六甫大街（图2-19、图2-20）也存留了一些传统形式的商铺，铺面的雕饰更为精美。十六甫、十七甫、十八甫等地靠近十三行馆区，一直发展得比较有基础，也频频出现在民国画报中。

《时事画报》总代理发售处在十八甫69#二楼，故而图2-21中反映的民国十八甫街市形象最为精细。《时事画报》总代理发售处更挂出"时事画报总发售处"的市招，既做了新闻，又做了广告，真是一举两得。各处铺面皆刻画得栩栩如生。十八甫是东西向街道，画面以街中取景正对十八甫中约坊门，且富善坊（在十八甫街北）坊门在图2-21中左侧，故而视线是由西至东，透过坊门门框所见应为十七甫（桨栏路）街景，十七甫街道上市招

图 2-17　惠来旅店

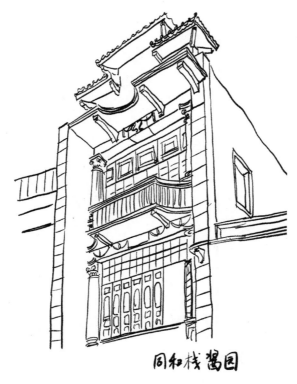

图 2-18　同和栈酱园

图 2-19　民国十六甫街市(中山大学图书馆藏《赏奇画报》《时事画报》合订本)

图 2-20　民国十七甫苏货店(引自广州美术馆藏《时事画报》)

图 2-21　民国十八甫中约(引自广东省美术馆藏《时事画报》)

林立、人头攒动。画面左一为洋货行"安安公司"，店面门头部分左右为通高玻璃饰柜占据，柜身还做有栏杆防护。二楼立面除了挂有"安安公司"招牌外，还在正中位置放置西洋钟表，尽显洋货行的特点。无独有偶，"啰士洋行"所刊登广告（图 2-22）中，可以看到相似的店铺布局。此处的商铺体量普遍以二三层居多，虽然还是传统的硬山形式铺面，但已有不少铺面展现了明显的西洋风格。图 2-21 中，两间铺面（容芳影相馆、"广存安"）采用了西式三角山墙，其中左二的容芳影相馆在三角山墙下做拱门，隐约有龙门石；山墙墀头有装饰，但具体形式辨识不清，可能是对西洋柱式的模仿；在首层铺面部分结合饰柜做成底层双柱的形式，增加了视觉上的稳定感，又兼而解决了底层饰柜的安置。画面右一的"广存安"号，从店内悬挂的货品来看其似为杂货店，底层铺面右部做饰柜，左侧设传统货台，台上置右玻璃展示柜。因各楼层分属不同店铺，分别在二、三层裙板上写有字号。图 2-21 中，右二、右三似乎也是杂货铺，二楼裙板并未书写字号招牌，而是雕刻花草纹样，槛窗左右对称开两扇，正中做雕花挂落，形式美观。其他铺面因为画面刻画程度有别，已经较难辨认。总的来看，民国十八甫街市特点是很鲜明的，建筑体量大、装饰风格浓郁，不少铺面受到西洋建筑风格的影响。

图 2-22　啰士洋行广告局部（引自广东省美术馆藏《时事画报》）

　　传统铺面夜间歇业时都是以板门将铺面封闭，但是洋货行开间一半为玻璃饰柜占据。为了防止货物遭劫，十八甫洋货行"开诚公司"(图 2-23)在门面处加建铁艺栏杆，通透的铁花栏杆对货物的展示也不会造成太多障碍，结合栏杆将店铺"开诚公司"字号设计其上。这样的设计，一方面加强了洋货行的西洋味，另一方面又保全了货品安全。

　　清代的宝庆市、逢源市(图 2-24)：1910 年的《南海县志》中记录，南海县捕属"宝华市，在十五甫；逢源市，在逢源街；多宝市，在多宝大街"①，大约处于宝庆住宅区的西南位置，存留的传统商铺建筑集中在宝庆市、逢源市两处。其中，宝庆新中约为清末高档居住区，近年曾做过整修，街口有宝德大押。清代宝庆市南临下西关涌，其南仍有多宝坊涌边的地名。宝庆市、逢源市为南北向贯穿的街巷，中间被多宝路隔开。两处市场东侧普遍拆、改较多，传统商铺存留集中在道路西侧。

　　宝庆市有宝德大押，在多宝路宝庆新中约 41#。宝德大押为民国时期建筑，保留有完整的功能用房，包括门市、经理办公、库房、保安人员用房等，房屋内的间隔基本保留了民国时期原貌，对研究大押类建筑的功能组织有很高的参考价值。宝德大押东侧路旁还常有临时摆卖的摊贩，行商、坐贾、大押组合颇有旧时遗风。

图 2-23　十八甫开诚公司(引自中山大学图书馆藏《时事画报》《赏奇画报》合订本)

---

①　(清)郑荣，等修. 桂坫，等纂. 宣统　南海县志[M]. 台北：成文出版社，1967：773-780.

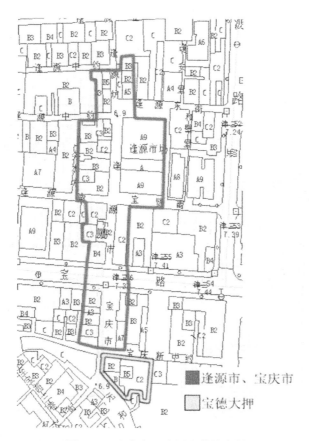

图 2-24　宝庆市、逢源市传统商铺

　　宝庆市范围较狭，现存留的传统商铺仅有 7#、9#，商铺楼高三层，首层目前依然作为商铺（快餐店、杂货店），二层则为出租居住，二、三层均通面宽开玻璃窗。这处商铺最精彩的地方是三楼的蚀刻玻璃窗，纹样非常雅致。槛窗上下绦环板中心雕刻吉祥草花头纹样，槅心做灯笼框样式，四边蚀刻玻璃做冰裂纹，中心玻璃四角做蝙蝠纹、正中做喜鹊上梅枝的喜庆图案（图 2-25）。裙板则浅雕各类花草图样，立面形式上与《民国画报》中商铺比较吻合。据住户称此处商铺原为酒庄，从现状来看，旧时可能是同一间商铺（招牌裙板的线脚是整体的），山墙墀头用水泥砂浆所作的分缝线装饰可能是后期改造的。此商铺的现状是平屋顶天台，临街面做铁花栏杆，相较于立面其他部分的传统做法，猜测山墙、屋顶位置可能经过改造。

　　逢源市在宝庆市北，中间由东西向的多宝路隔开。逢源市内现存较完整的传统商铺主要是 1#、19#—25#。其中 1#（图 2-26）紧邻逢源市坊门内侧，为两层建筑，二楼裙板刻有花草纹样。19#—25#是连排的五座商铺，目前作为肉菜市场（图 2-27～图 2-29）。

图 2-25　宝庆市商铺的窗

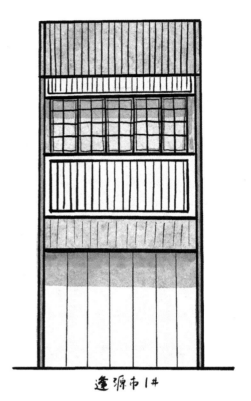

图 2-26　逢源市 1#

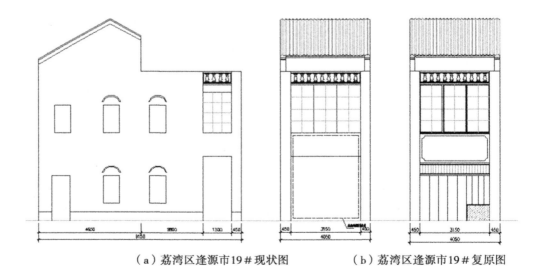

（a）荔湾区逢源市19＃现状图　　　（b）荔湾区逢源市19＃复原图

图 2-27　逢源市 19#现状图、复原图

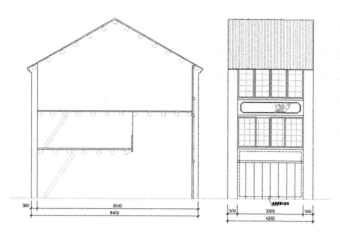

图 2-28 逢源市 25#现状图

（a）荔湾区逢源市 19#—25#复原图

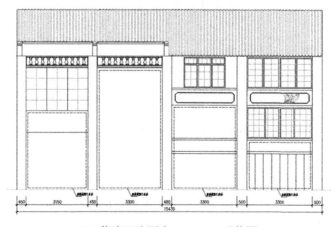

（b）荔湾区逢源市 19#—25#现状图

图 2-29 逢源市 19#—25#复原图、现状图

逢源中约 36#—40#、43#也是传统商铺遗存，这些连排的商铺是建在民居中的。街道的属性并非纯商业性质，这是逢源中约商铺的一大特点。这些商铺室内层高普遍超出常规数值，以现状来看室内空间有通高三层的，形成这一做法的原因还有待深入研究。其中，逢源中约40#的二楼出挑半米做小阳台，二楼立面现存麻石门框，隔扇转轴孔依稀可见（图 2-30）。

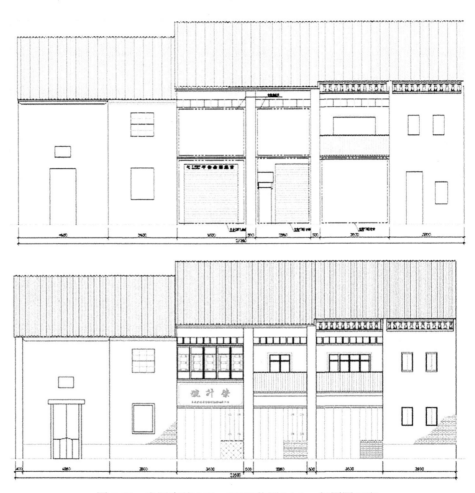

图 2-30　逢源中约 36#—40#现状图（上）、复原图（下）

逢源中约 43#与民居毗邻，商铺只有一层，立面设计风格比较西化。这却是逢源中约商铺中唯一保留了货台的，只是目前已经被瓷砖重新贴面。从现状来看，板门被油漆为灰蓝色，绦环板、裙板都雕刻吉祥草花头纹样，榍心已经被破坏、情况不明。货台上木板窗有楔形铁制绞页，可见建造年代已经比较近（图 2-31）。

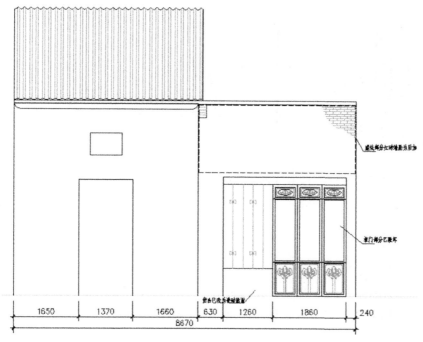

图 2-31　逢源中约 43#现状图

生产型。

生产型的商业空间，是指长庚路、第三甫至十五甫一带的商铺、加工作坊（图 2-32）。建筑形式与梯云、宝庆一带有很大不同，由于有加工作坊的存在，建筑普遍进深比较大，多在十几米。以小天井串连各处房间，至多楼起二层。考虑到如长生店一类木材加工业，不仅要有门店、作坊，还需要仓库堆放材料，这种生产型商业空间形态的出现也就顺理成章了。与周边的居住类建筑追求南北朝向不同，这一带的建筑以水脚码头为轴心，都是完全的东西向延伸。房屋质量比较差、建筑低矮，街市夹水而建。中间的水体狭窄，显然只是作为排水沟渠，不具备货运的条件。

笔者在机房区调研时仅发现驿巷（高基头）有两处传统商铺存留（37#、39#）。驿巷是清代堤围高基的北端，处于清末机房区西北角的位置。现存驿巷的街道非常狭窄，平均宽度约 2 米，沿街大部分都是两层的建筑物。两处商铺存留仅余临街 1 米多进深的铺面部分，而后座部分全部由新式红砖修建。驿巷存留的传统商铺在建筑质量上明显无法与上文提及的十六甫、十七甫、十八甫、宝庆市、逢源市等地段的相比。这主要是由于驿巷位置偏北，清代才逐步开发为农业移民村落，清末成为丝织业机房区，主要是作为加工作坊。

祠庙型。

市场与祠庙类建筑的组合是一个很有趣的现象。从使用功能上说，祠庙作为祭拜祖

57

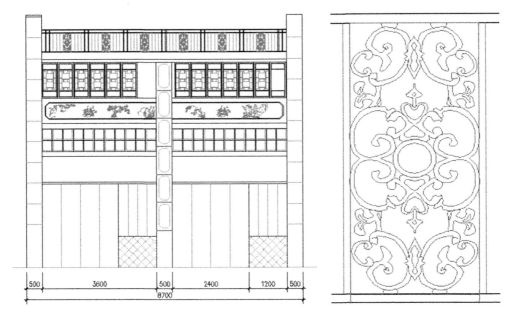

图 2-32　西关宝庆市 7#、9#店面复原图和其天台铁花栏杆大样 (右图)

先、神灵的场所，需要不断地有人参与并维持，在特定的节庆日举行祭祖、酬神的活动，由此形成的大量人流聚集，正是商业活动开展的必要条件。祠庙所在的场所一般来说都是街道空间略为放大的位置，以适应特定活动的开展。这种类型的商业空间形态在国内其他城市也很常见，比如上海的城隍庙、苏州的观前街、南京的夫子庙、潮州的城隍庙等。广州西关商铺与祠庙的结合形式相对来说更加多样，有与贸易开展紧密相连的，有与墟场结合的，还有拆除祠庙建设墟场的，不一而足。

　　以历史悠久为标准，南海西庙自然首屈一指。南宋诗人杨万里之《题南海东庙》谓："大海更在小海东，西庙不如东庙雄。"祭祀海神属于国家大礼，明清两代都有朝廷派专员南下于西庙致祭。① 宋代以南海西庙为中心形成了一个对外贸易为主的商业区域——白田镇，当时西庙还在江岸码头附近。来往出海商船出航前，商家、船员在此对海神祈求平安，平安归来后商家、船员又在此酬神谢恩，刺激了周围商业区的发展。在西庙旧址附近有光雅里，民间又称"缸瓦栏"，结合宋代西村窑的情况，这里可能是一个大型的陶瓷批发市场。元代，阿拉伯人伊本·拔都在其《游记》中记："秦克兰城（即广州）久已慕名，故必亲历其境，方足饱其望。……余由河道乘船而往，城之外观，大似吾国战舰……秦克兰城者，世界大城市之一也。市场优美，为世界各大城所不能及。其间最大

---

　　① "洪圣西庙，即南海神（原文如此），在太平门处第十甫，嘉靖十三年（1534 年）建。国朝康熙六年（1667 年）察院董笃行奉谕祭。康熙二十一年（1682 年），侍郎杨正中奉谕祭，有碑记。"引自：乾隆年间《南海县志》卷 13　寺观。

者,莫过陶器场。由此,商人转运瓷器至中国各省及印度、也门。"清初顾祖禹《读史方舆·纪要》引《南游记》称:"今府西十七里有花田……一名白田。"明嘉靖《广东通志》卷19"古迹":"花田在城西十里三角市。"这些都说明西庙附近出现了很多商业活动。

以寺庙前空地为定期墟场,如华林寺与天光墟的关系。所谓天光墟,是指市场在天蒙蒙亮开始摆设,天明即四散而去。按照现在的说法,这就是无证经营的小摊贩在此墟场集中售卖。售卖的东西多是些"来路不明"的古董、珍玩,光临天光墟的人多抱着低价淘宝的心态,但多数时候因为光线朦胧而上当受骗,等到天明发觉时墟市早已散场。因为广州的地理优势,在清代逐渐为世人接受的缅甸翡翠多是由广州集散,故而玉器加工、销售都很成规模。后来此处因为华林寺地近长寿寺玉器墟,清末后两地逐渐发展连成一整片。华林寺东北近邻长寿寺(庵),"长寿庵墟,在城西门外长寿里。昧爽集而晨光散,古董玩器、偏衣业屡,半作头须之窃,尚疑从者之度,城居无利者,重关仅辟,则兔趋而蝇萃,往往得便宜东西,如京师之黑市。然今亦稍异矣。"(《白云越秀二山合志》)①(图2-33)

图2-33 长寿里(引自中山大学图书馆藏《时事画报》《赏奇画报》合订本)

---

① 黄佛颐.广州城坊志[M].广州:广东人民出版社,1994:564.

　　还有一些祠庙规模比较小，但也很有特点。比如金花庙，祭拜金花夫人是广州特有的地方风俗。清代广州的金花庙很普遍、数目很多①，但遗憾的是目前一座金花庙都不存在了。金花街位于第一津、第二甫以西，传说珠江"三石之一"的浮丘石就在金花街南附近。金花街是西城墙外的郊野地带，清初迁界移沿海居民于此，有移民市。金花街一带除四庙善堂和四庙外，附近还有建于明代洪武年间的金花庙（金花街得名由来）、西禅寺、道家圣地斗姥宫以及报资寺等大大小小的庙宇。一方面作为西濠第一津，金花街有交通上的便利，再者属于穷苦人聚居的地点，对美好生活的渴望促成了庙宇旺盛的香火。② 从民国画报上反映的情况看，这处城西金花庙的规模不大，庙前有小广场，商铺沿广场边沿设置，这可能是祠庙与市场最普遍的组合形式（图2-34）。

图2-34　金花庙前（引自中山大学图书馆藏《时事画报》《赏奇画报》合订本）

批发贸易型。

　　"广州凡食物所聚，皆命曰栏。贩者从栏中买取，乃以鬻诸城内外。栏之称惟两粤有之，粤东之栏以居物，粤西之栏以居人。"谭敬昭《听云楼诗草·珠江柳枝词》有"豆栏东

---

　　① "（金花庙）一在仙湖街，一在河南。广州多有金花夫人庙。"引自：（清）仇巨川．羊城古钞[M]．广州：广东人民出版社，1993：183.
　　② 周乐瑞，梁碧莹，王峥．"四庙善堂"牵出多庙金花街[N]．羊城晚报，2004-08-19.

接井栏西"一句，自注"豆栏、井栏，并街名，当为桨栏之转"。实际上一些非售卖食物的市场也称"栏"，如皮栏、杉栏、船栏等，商贩被称为"栏口"。"果基鱼塘"的兴盛带动了生果批发，"居物者以果栏为上，果□之实，四时间百品芬甘，少干多湿，可爱也"①。除了果栏，还有猪栏、鱼栏、布栏、船栏等(表2-1)。

表2-1　　　　　　　　　部分栏口名称和留存地点(引自《珠水遗珠》)

栏口名称	现存街名	大概位置
油栏	油栏通津	海珠南路之西
生果栏	水果东、西街	东华中路北边
皮栏	皮栏桥	杉木栏路南侧
布栏	布街	同庆路东侧
船栏	东船栏街	大沙头三马路北侧
猪栏	西猪栏	黄沙大道与六二三路转角
猪栏	东猪栏	东濠涌口东边(海印桥桥头附近)
猪栏	猪仔墟	带河路西
豆栏	豆栏上街	十三行路南侧
麦栏	麦栏街	北京南路之东
鸡栏	鸡栏街	长乐路之西侧
杉栏	杉栏上、下街	山村路东
杉栏	杉木栏路	荔湾区
生鱼栏	新基路	荔湾区
鱼栏	鱼栏街	南岸澳口涌涌口边
鱼栏	鱼栏大街	如意坊码头附近
圹鱼栏	圹鱼栏大街等	珠玑路西
麻栏	卖麻街	海珠路侧
果菜栏	果菜东街等	一德路南
咸鱼海味栏	一德路中段	越秀区
咸虾(虾酱)栏	咸虾栏	珠光路南
柴栏	柴栏街	大南路南
蚬栏	蚬栏街	东濠涌之西

---

① 屈大均. 广东新语[M]. 北京：中华书局，1997：395-396.

栏口名称	现存街名	大概位置
菜栏	菜栏横街	十八甫 南之西
米栏	糙米栏	东濠涌之东
米栏	米市路	越秀区
船桨栏	桨栏路	荔湾区
韭菜栏	韭菜栏(已不存)	五仙西街之西

（四）建筑形式

西关商业建筑的形式主要是与地理、行业相联系，西关大部分地区兴起都在清中叶以后，所以其表现出来的建筑形式多数是当时比较流行的竹筒屋。就目前掌握的资料来看，西关商业建筑的形式是有一定的规律可循的。

因势利导是西关商业建筑的重要特点，这个势主要是指河涌。不只商业区的形成依赖水系，空间形态正是因水而具有了不同的特性。建筑顺应趋势，用最直接的方法构建所需的空间。建筑中的装饰使用非常有控制，消费服务型的建筑对装饰比较偏重，而生产型的建筑更多关注建筑的经济性。

重装饰、追风尚，也是西关商业建筑特色。装饰材料、式样无不求新奇，如彩色玻璃花窗、蚀刻玻璃画、西洋柱式、线脚等。所有的结果都是由量变到质变的过程，清末西关的传统商业建筑更多地表达了骑楼类型商业建筑成形前传统建筑与西式建筑融合的过程。

二、河南与南郊

（一）商业环境特色

"广州南岸有大洲，周回五六十里，江水四环，名：河南。"[1]1996年，在今海幢寺附近发现的两汉陶窑显示在当时很有规模。河南(唐代称江南洲，清代称河南堡)，宋代开始北人南来于此定居，开始出现农业移民村落。瑶头蒙氏和五凤林氏皆是宋代后南来定居于河南的北方大族。但是到明清时期河南才真正地发展起来，渐由移民农业村落演变

---

① 黄任恒. 番禺河南小志(卷一)[M]. 广州市海珠区人民政府，1989：17.

为繁华市廛。① 本书所述的广州河南只涉及与西关相对的鳌洲、龙溪乡一带开发较早的地段。

（二）商业空间形态与业态

"在波罗庙西十里，一名鳌洲"（《番禺县志》）②，又名鱼珠石、游鱼洲，明代开始此地就是走私地点，其位置正当白鹅潭与省河交汇。明代广州河南鳌洲岛的民众伙同南城濠畔街商人走私违禁物品③，粤东南澳岛，以及香山濠镜（今澳门）均为海商贸易据点。很多福建商人、水手到广州谋生，除了少数成为经营外贸的行商外，其余大部分集中在绣衣坊和福建街。绣衣坊在今上九路东，福建街在旧称"河南尾"、今海珠桥南的地方④，两处离濠畔街、鳌洲均不远。

明代河南沿岸市肆密布，出现了大量售卖手工艺品的店肆。明代嘉靖年间黄佐的《粤会赋》记录，"循河南岸，是市比如栉，齿草果布，埴铸髹漆。藤竹诸器，巧逾天出……柯株攒露，涤荡封尘，花梨蒲建，积尤棘薪……至于狍狗璀璨，翎鳒分披，握椒片糖，天下所资。"

清兵入城后广州城内更显拥挤，外籍入粤的富商多于自然环境更好、交通也便捷的河南建设宅园。不少商人在河南修建栈房。这是河南历史上第一个全盛时期。顺治十八年（1661年），官府在跃龙里兴建盐埠码头和仓库，经营储运业务，各商因其便利而云集。计有木材、木船、帆篷、干鲜果、三鸟苗、粮油加工、土特产洋庄、纺织、彩瓷等，使得原先以农业生产为主的自然经济迅速转变。⑤ 民国时期，《番禺县续志》记："河南为最繁盛，有商店数千间，工厂数百间，席庄虽仅十余间，而所办洋庄草席行销于外洋。河南洋庄草席，其草产自东安县属之连滩，及东莞县属虎门一带地方，采购编织，每年米利坚[美国]、佛兰西[法国]、德意志[德国]等国购买出洋，销价约银五十余万元。外国贸易上尚得占一席。"清末河南市廛林立，从东到西依次有福仁市、漱珠市、岐兴市。

---

① 民国时期《番禺县续志》。

② （清）仇巨川.羊城古钞[M].广州：广东人民出版社，1993：126.

③ 霍兴瑕《霍勉斋集》卷12："近乡名曰游鱼洲（广州河南鳌洲），其民多驾多橹船只，接济番货。每番船一到，则同濠畔街外省富商搬运瓷器、丝绵、私钱、火药等违禁物品，满载而去，满载而还，追星趁月，习以为常，官兵无敢谁何。"

《殊域周咨录》称，"游鱼洲快艇多掠小口往卖之，所在恶少与市，为伥驵者日繁有徒，甚至官军贾客亦与交通"。

④ 邓端本.福建街寻踪[M]//广州市地名学研究会，广州市地名委员会办公室.广州地名古今谈第二辑.广州：广东省地图出版社，1992：148-149.

⑤ 广州市海珠区志编辑室.广州市海珠区述略[M].广州市海珠区人民政府，1988：3.

自鸦片战争之后，河南区域有"潘、卢、伍、叶"四大豪绅。这些富有豪绅的家，与漱珠市紧密相连，或距离不远。①

古来广州消夏之地有两处，除城西荔枝湾外，就是河南的漱珠桥。② 漱珠桥建于清乾隆年间，原为花岗岩石材桥，修筑南华西路时拆建为马路桥。漱珠桥位置在今南华西路160#侧面，桥面占地300多平方米，现存公路桥宽16米，横跨马路20米。"漱珠桥在海幢寺门左。运台庞屿为正目和尚架。"（《岭海名胜记》六，陈兰芝《赠海光》诗注）③漱珠市处于各市的中心位置，著名成珠茶楼正在此地。

"桥锁珠江水，酒垆三五家"（何天衢《榄溪何氏诗征》五）；"缥缈飞楼夹水生，漱珠桥市旧知名。连樯每泊餐鲜舫，灭烛扰闻赌酒声"（岑澄《梁洛舫招饮漱珠桥酒楼》）。清代著名宅园龙溪乡南墅、双桐圃、后乐园、万松园等，与海幢寺、漱珠岗纯阳观等地都在漱珠涌左侧，这些地方都是来粤人士的必游之地。可见漱珠涌是以优越的自然环境取胜，茶楼酒肆沿濠涌而建，高楼红窗隔水相望，情趣益然（图2-35）。

图2-35　河南漱珠涌

---

① 广东省政协文史资料研究委员会. 广东风情录[M]. 广州：广东人民出版社，1987：148.
② 广州市文史研究馆. 珠水遗珠[M]. 广州：广州出版社，1998：244.
③ 阮元《广东通志·职官表》：庞屿任广东盐运使，在乾隆七、八、九年（1742—1744年）。然则漱珠桥始架于其时。漱珠桥在河南龙溪二约，入溪峡之第一桥也（采访册）。

崔弼《白云越秀二山合志》记："（濑珠）桥畔酒楼临江，红窗四照，花船近泊，珍错杂陈，鲜□并进，携酒以往，无日无之……泛瓜皮小舟，与二三情好薄醉而归，即秦淮水榭未为专美矣。"濑珠桥旧在海幢寺门左面的龙溪二约。桥下正是濑珠涌，向北流入珠江。邓凤枢《竹枝词》赞曰："荔红姜紫艳阳天，道出南门过五仙。买绉濑珠桥畔醉，沉龙甘美鳜鱼鲜。"杨昙有语："船到濑珠桥泊往，因风吹上酒家楼。"从清乾隆中后期开始，此地海鲜酒楼一直非常兴旺。名胜古迹海幢寺（现今海幢公园之内）也近在咫尺。除了沿江正对白鹅潭一带市廛密布外，南部腹地有大片的低矮山冈地，多种植经济作物，如花田、茶田、果林等，村落有墟场交易。

清初由于河南腹地经济作物的生产，如大塘、五凤的蔬果，瑶头的河南茶，庄头的素馨花等，加上全岛沉积成陆地的面积增大、水网运输的便捷，一些洋务商人开始利用河南充裕的土地和农村的富余劳动力，在此采集土特产进行加工、购销、外运。茶叶、药材、山楂、毛发、蚕丝、皮革、米粉、土布等的加工作坊与经营出口业务的洋庄纷纷创办。

明代河南的商业空间范围有限，集中在白鹅潭边，推测有可能是依靠临江运输码头而集中。清道光年间，河南已经成为三江土特产与整庄度洋的主要基地，依据其商业空间形态的不同可粗略地分为两个部分：自瑶头、龙导尾至大基头，以加工作坊为主；鳌洲、溪峡、堑口一带，则多行栈库房。

从地形上看，河南是由珠江南北航道包围的岛屿，其南部主要是丘陵台地，这些地方在清末才被开发出来，种植经济作物。因而，河南南部大部分地区都是农田与村庄、简陋作坊相间的形式。

（三）建筑形式

以河南整体来看，建筑形式两极分化比较明显：一边是简陋农舍、作坊；另一边是装饰繁复、富丽的销金所，发展极不平衡。民国画报中的河南，河涌上仍是干栏式水寮，形式简陋（图2-36）。说明在较长的时间段内，河南腹地都保持了较为淳朴、简陋的建筑形象。

而另一方面，"珠江花月之盛，至嘉庆末年（1820）极矣。酒楼之敞，有宽至六十筵者。曾忆十六七岁时，有人邀赴金花会，合主客不满七十人，而所携歌妓至一百二十余名。闻此夕已费千金矣。"（何仁镜《泷水吟·城西泛春词》）"酒幔茶樯，往来不绝。桥旁楼二，烹鲜买醉，韵人妙妓，镇日勾留。"（梁九图《十二石斋丛录》二）茶楼酒肆集中在富豪聚居的漱珠涌一带。

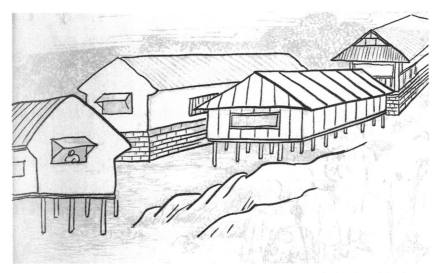

图 2-36　民国河南(引自中山大学图书馆藏《时事画报》《赏奇画报》合订本)

　　1843 年，T. Allom 绘制的河南水道设色版画(图 2-37)非常生动地再现了清末漱珠涌一带的建筑特色。建筑是利用密集的木桩作为基础建在水道上的，这种干栏式的建造方法，直到民国时期还在继续使用。

图 2-37　1843 年 T. Allom 绘制的漱珠涌一带(引自《昔日乡情》)

　　图 2-38 中，建筑外立面设立密集的木柱装置，从化木棉村民称其为"疏拉(音)"，是可以灵活拆卸的，一般安装在窗或门外侧。"疏拉"保证了建筑内通风，又保证了安全。

由于清末社会政局动荡、人民生活穷苦,打劫墟场的匪类行为非常普遍。如清末番禺富庶之乡沙湾,光是护卫河涌的水闸就有10座;村内每处险要高地,无不建设炮楼,坊巷均有门楼护卫。①

图 2-38　从化木棉村龟咀墟酒庄"疏拉(音)"

龙溪首约旧商铺的门牌号码分别为 23#、25#、55#,龙溪二约还有一处(图 2-39、图 2-40)。笔者在现场调查得知,这些铺面旧时以售卖棉胎、粮食一类生活必需品为主。

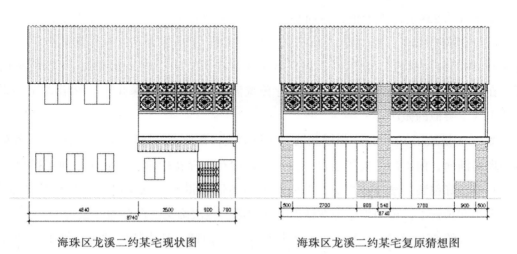

海珠区龙溪二约某宅现状图　　　　海珠区龙溪二约某宅复原猜想图

图 2-39　龙溪二约某铺现状及复原图

---

① 何品端. 解放前的沙湾[C]//番禺文史资料(第 8 期). 番禺政协史委员会, 1990:37-43.

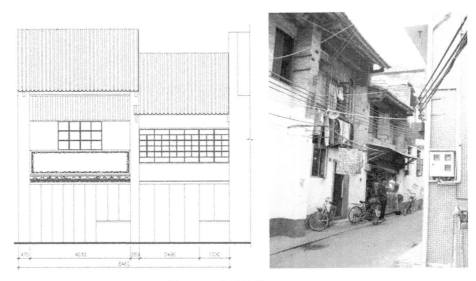

图 2-40　龙溪首约 23#—25#

　　龙溪首约 23#旧时是棉胎铺，目前作为小作坊使用。建筑面宽 4 米多，进深 12 米，建筑体量较 25#要大。23#建筑除了首层改砌为实墙外，其他部分保存良好。尤其是二楼立面裙板招牌保存得很完整，招牌内框装饰有波浪纹，招牌雕刻有杨桃、石榴等岭南蔬果形象，具有鲜明的地方特色。

　　龙溪首约 25#也是棉胎铺，目前是售卖五金杂货的店铺。建筑保存得很完整，开间 3.6 米，进深在 12 米，为单栋，无院落，楼高二层。据店主介绍：在铺面入口正中曾设有天井（现已封住成为二楼楼板），屋顶对应处开有一米见方的活动屋面，可以用滑轨打开。在铺面正中开设天井的做法，在现存传统商铺中常见，如深井村、龟咀墟等地铺面中都出现了类似的做法。

　　图 2-41 描绘了 19 世纪广州棉胎铺的建筑形式，是典型的坊店合一的做法。如图左侧所表现的铺面，前半部为接待柜台，铺中直接设有弹棉花的床架，而成品除了摆放在柜内，其他打好包装，悬挂在梁下。画面右侧的商铺看得更清晰，以一根长杆悬挂室内，棉絮则担在长杆上。说明棉胎铺在铺内悬挂棉胎的做法确实是存在的。

　　龙溪首约 55#（图 2-42）是一处两进竹筒屋形式商铺，最为特别的是店铺山墙侧有石碑，上书"潘能敬堂祠道界"。"潘氏入粤始祖，名启，又名振承，字逊贤，号文岩，其先祖原居福建泉州同安县龙溪乡，后分支明盛乡白昆阳堡栖栅社。入粤后主理行商开办同文洋行，以诚实、勤学发家，逐步成为粤东首富。居住仍名龙溪乡，祠道则名栖栅巷，以事永不忘祖。"①乾隆四十一年（1776 年），同文行行商潘启在漱珠涌西侧开村置地，立能敬堂，产业范围大致在河南乌龙岗下、运粮河之西，并筑漱珠桥、环珠桥、跃龙桥三桥，以利交通。②

图 2-41 19 世纪棉胎铺（引自《珠江十九世纪风貌》）

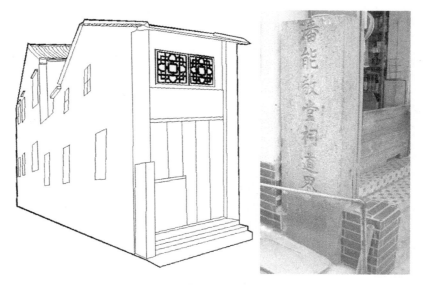

图 2-42 左图龙溪首约 55#商铺复原图，右图为潘氏祠道界碑

---

① 南华西街办事处. 1996 年元月勒石的石碑碑文.
② 黄佛颐. 广州城坊志[M]. 广州：广东人民出版社，1994；701.

三、其他

城外珠江有三石——海珠石、海印石、浮丘石，其中"（海珠）石上有慈度寺，古榕十余株，四边蟠结，有人往往息舟其阴。端阳、七夕做水嬉，多有龙郎、蜑女鲙鱼、沽酒，零贩荔枝、蒲桃、芙渠、素馨之属随潮往来。遥望是寺，鱼沫吹门，蚝光次壁，朝晴暮雨，含影虚无，恍惚若鲛宫、贝阙而不可即也。"①古寺、古榕构建了清雅环境，蜑家舟艇穿梭其间，售卖各类鱼鲜、果蔬、鲜花，这里具有鲜明的地方特色，令人神往。

---

① （清）仇巨川．羊城古钞［M］．广州：广东人民出版社，1993：117.

第三章　行业商业建筑

第一节　餐　饮　业

　　明清广州的餐饮业非常发达，除了广州本地粤菜外，还有同属粤菜系的潮州菜、东江菜、凤城炒卖等相互补充交流，更有来自外地的京都食品、随园食谱、姑苏饼食等，丰富了广州的饮食。清末还有很多出名的厨师专心于食谱的研究，如晚清翰林院编修江孔殷的专厨，以及南阳堂的邓某等①。清代光绪年间有《竹枝词》写道，"由来好食广州称，菜式家家别样矜"②，生动地道出广州餐饮业的繁盛。

　　餐饮业内包括很多自然行业，主要有茶楼饼饵业、酒楼业、粉面茶点业等，还有餐室、冰室、一般的饭店，云吞面、甜食等小食品业③。作为固定食肆，铺位选址是生意成败的关键，因而餐饮业多集中在商业繁盛地段，如明代主要集中在濠畔街、大观河，入清以后沙基谷埠、东堤、惠爱路、双门底、漱珠涌等地段的餐饮业也兴盛起来。清代双门底食肆多为达官贵人服务，外省商旅多在东堤一带，本地客商则集中在西关十八甫（明代大观河）。清代梁仲仙《竹枝词》云，"艳帜高张东复西，陈塘宴罢续长堤"。还有众多为平民服务的小食肆，遍布码头、墟场。广州的餐饮类建筑正如其丰富的菜色一样，为了满足各个层面消费者而呈现出多元化的面貌。

一、功能类型

（一）二厘馆、地猫馆、茶寮等

　　民国时期的《时事画报》有描绘广州的民俗"暮春薄饼"的图画（图3-1）。薄饼作坊使

---

① 邓广彪. 广州饮食业史话［M］//广州市工商业联合会，广州市政协文史资料研究委员会，广州市饮食服务公司. 食在广州史话——广州文史资料第四十一辑. 广州：广东人民出版社，1990：212-213.
② 李秀松《"食在广州"小考》。
③ 冯明泉. 漫谈广州茶楼业［M］//中国民主建国会广州市委会，等. 广州工商经济史料——广州文史资料第三十六辑. 广州：广东人民出版社，1986：185.

图 3-1   民国"暮春薄饼"档(引自广东美术馆藏《时事画报》)

用竹枝作为骨架，竹席蒲草为屋顶墙体。门头悬挂薄饼档特有的金钱形幌子，采用蝙蝠衔双钱的样式，其下悬有流苏穗子，并在其上书写"雪白薄饼"四个小字，形象清晰、明确，具有浓郁的商业气息。档口借助了相邻房屋的山墙面，仅在临街面做砖砌柜台。画面正中一人和面，一人制饼，柜台台面铺木板，反扣竹簸箕放薄饼，右侧放有馅料和卷好的薄饼，绘画风格非常写实。此类作坊的结构骨干多为竹枝，本身质轻、易折断，所以其搭建的方式并不仅是梁柱支撑，而更多采用交叉、三角加固的方式。这些小食档是普通民众的就餐处，一直以来长期存在，直到近代很多摄影资料中还出现不少类似的做法。清末如云吞面、甜品一类的小生意多数是沿街挑卖(也属于"挑卖行")。诸如此类的小食档或是一副挑担，或仅有竹木草棚。"财记"食档(图 3-2)是 20 世纪 30 年代后出现的粉面馆，其早期也属于挑卖行，处于逐步向固定店铺过渡的过程。图中的"财记"食档以竹木结构为骨架，覆盖以帆布，支撑起较大面积的营业空间。

　　一厘馆、二厘馆是粉面茶点业的起源，其发展历史也非常悠久。直至清光绪初年，广州面向普通民众的餐饮服务都是以二厘馆为主，光绪中期才开始出现"茶居"。一厘、二厘是指饮茶的茶资，相对茶楼的三分六厘("废两改元"时的半毫子)是非常低廉的①。有民谣唱道："去二厘馆饮餐茶，茶银二厘不多花，糕饼样样都抵食，最能顶肚不花

---

　　① 冯明泉. 富有地方特色的广州茶楼业[M]//广州市工商业联合会，广州市政协文史资料研究委员会，广州市饮食服务公司. 食在广州史话——广州文史资料第四十一辑. 广州：广东人民出版社，1990：2.

图 3-2　近代"财记"食档(引自《广州百年沧桑》)

假。"二厘馆的环境很简陋,一般在门口挂招牌作为行业标志,上书"某某茶话"。这类茶馆位置一般在码头、市场、墟集处,开早中晚三市供应糕点、蛋散、煎堆、豆沙包、大肉包、炒米饼一类廉价食品,铺内不设厨房,以摆台形式,由客人自由选取,食毕结账。

地猫馆即穷苦老百姓的饭店,制作的都是家常菜肴。所谓"地猫",是形容食肆简陋,客人只能蹲在地上就食。如西关泮塘"发记"地猫馆,即是村头空地上搭竹棚,四周围上草挞的简陋形状①。因广州人称白饭为"晏仔",将提供经济餐饮的饭馆称为"晏店"。一厘馆、二厘馆、地猫馆、晏店等经济食肆,所采用的建筑形式大致类似。

民国画报中载惠爱七约某二厘馆(图 3-3),惠爱七约在今中山五路、广大路附近。1919 年开马路时,市政公所曾下令五日内拆除西城门以及惠爱七约铺户,当时各铺户居民,"闻斯霪耗,有如晴空下霹雳,种种忧愁情况,莫可名状"(1919 年 9 月 5 日,广州《国华报》)。居民开会将意见呈诉政府,请求延期拆迁并未得准。市民在西瓜园附近贴出对联:"今朝有酒今朝醉,明日拆城明日迁。"②由于作画角度的问题,从图 3-3 中只能粗略判断部分室内外的情况,总体上看,建筑的体量不大,所用材料比较低廉,建筑质量不高。通进深的曲尺形柜台占据了室内的大部分空间,室内放有五张方桌,若干椅凳,

---

① 　梁达.西关七十二行[M].广州:广州出版社,1996:23-26.
② 　丁粟.老城纪事:广州"民初"开马路[EB/OL].金羊网.[2006-01-08].

门前还有一方石磨。建筑是梁柱式结构，圆木柱支撑主体，墙体似为木板壁。门前灶台下的抹灰脱落，依稀露出货台的砖体。二厘馆的文献记录中提到，糕点是摆放出来自由取用，费用为结账再计。图3-3中，方桌边无论有人与否，上面都放置几小碟糕点，这些称为"硬碟"，按件计费，多数是鸡仔饼、青梅蜜饯一类。曲尺形台面上更是摆满各类食品，供顾客选取。画面中包括堂倌泡茶的粗嘴圆壶，都与文献记录中的二厘馆相吻合。① 画作的写实程度很高。

图3-3　惠爱七约某二厘馆(引自中山大学图书馆藏《时事画报》《赏奇画报》合订本)

除了固定建筑食肆外，疍民自珠江中打捞新鲜鱼虾待客，有时游弋珠江的小艇也成了流动的食肆。流动食肆提供廉价实惠的食物来招揽顾客，对就餐环境的要求不是那么迫切。所以整体来看，就餐环境较粗陋、简单，挑担、搭棚，甚至以小艇为之，最多也就是简陋屋舍，只放三五张粗制桌椅。

郊外茶寮早期只是供路人乘凉歇脚、饮水解渴而已，设备非常简陋②。明徐渭《徐文长秘集》记，"茶，宜精舍、云林、竹灶，幽人雅士，寒宵兀坐，松月下，花鸟间，清白

----

① 梁达. 西关七十二行[M]. 广州：广州出版社，1996：23-26.

② 邓广彪. 广州饮食业史话[M]//广州市工商业联合会，广州市政协文史资料研究委员会，广州市饮食服务公司. 食在广州史话——广州文史资料第四十一辑. 广州：广东人民出版社，1990：219-220.

石，绿鲜苍苔，素手汲泉，红妆扫雪，船头吹火，竹里飘烟"，对饮茶环境要求之高几近苛刻。广州郊外茶寮正是在这种社会审美情味下兴建，选择基址要求周边环境质朴、天然，使城内游人至此顿觉胸襟开阔，又要处于交通便利之处。1948 年编写的《广州大观》中还有这样的记录，"小北门外的宝汉街，饶有乡村风味，久居烦嚣市内的人，到哪里便觉胸怀潇洒，所以常有学多骚人去盘桓，因此茶寮酒店，便渐渐多起来了"①。茶寮聚集的小北门外是登白云山的必经之路，清明节、冬至祭祖时更是游人如织。茶寮建筑多数是竹木、葵叶、松皮搭建的棚寮草舍，单层无楼，茅草为盖，蓬门为饰，以竹篱笆做围墙，傍着菜田篱笆，颇有竹木和泉石之趣。②

茶寮以其独特的乡野趣味赢得了文人骚客的喜爱，不少人写下了诗词、对联以舒胸怀。如观音山麓"野水闲鹤馆"馆主倪鸿曾为宝汉茶寮（图3-4）篆联云："桥东桥西好杨柳，山北山南闻鹧鸪。"桥东指小北门外东北处的横坑桥，桥西指状元桥，山北指白云山，山南指观音山，真切地道出茶寮的位置，山环水抱正是优雅宁静的好去处③。大、小北门外本为漏泽园，是政府提供的公共墓地④，故而逢清明扫墓、重九登高之日，茶寮生意尤旺。近代陈之鼎先生写楹联云，"商量白酒黄鸡事，点缀青山红树家"，直言即便谈论世俗的事情，也会由于环境的高雅变得心气平和。

茶果店是场所固定的食品作坊，经营各种庆典糕点、应节食品、小食等。清末广州的茶果店以家庭式经营为主，大部分在珠江南岸白鹅潭一带临江设档，较出名的有"巧南""永南""利南""杏南""得南"等。城西第十甫西约有"连香"茶果铺，后来被第一代"茶楼王"谭新义收购，拆平后改建茶楼，为莲香楼之始⑤。茶果铺的食品比较粗糙，也不够美观，故而逐渐被后兴起的茶居、茶楼所取代，加上民国时期新式饼店的兴起，如

①　廖淑伦. 广州大观[M]. 广州：南天出版社，1948：10.

②　徐续. 岭南古今录[M]. 广州：广东人民出版社，1992：461-463.

③　(清)邓绚裳《羊城竹枝词》，"宝汉名寮小北张，宾朋从此乐壶觞，肥鱼大酒朝朝鲜，谁奠芳魂廿四娘"。民国丘逢甲《岭云海日楼诗钞·卷十二》(1913)中有"宝汉茶寮歌"："青山不幸近城郭，万坟鳞葬成痏疮。安知近郭无完坟，前者已掘后者藏。每遭兵燹尤不幸，攻城筑垒多夷伤。抛残万骨没秋草，圹砖墓石墙营房。君不见五羊城外山上坟，明碑已少况宋唐！千年忽出买地碣，玉骨久化黄尘扬。土花洗出南汉字，传之好事珍琳琅。当时邑里籍考证，其奈书劣文佝张！清明风吹花草香，出门拜山车马忙。茶寮杂坐半伧父，谁吊扶风廿四娘？"

④　(清)仇巨川. 羊城古钞[M]. 广州：广东人民出版社，1993：284-286.

⑤　冯明泉. 莲香楼与莲蓉月饼[M]//广州市工商业联合会，广州市政协文史资料研究委员会，广州市饮食服务公司. 食在广州史话——广州文史资料第四十一辑. 广州：广东人民出版社，1990：24-25.

"陈意斋""敬义信"等饼店，茶果铺逐步消亡①。

图 3-4　宝汉茶寮

（二）茶居

（唐）封演《封氏闻见记》中有，"自邹、齐、抢、棣渐至京邑，城市多开店铺煎茶卖
之。不问道俗，投钱取饮。其茶自江淮而来，舟车相继，所在山积，色额甚多。"《太平
广记》中有"浦极谓得人，俄而憩于茶肆"②的记载，可见中唐时广州已经出现茶馆。唐德
宗贞元八年（792 年），岭南东道节都使李复等人将饮茶的习惯带来广东③。宋代文献中对
广州茶馆的记录非常多，如《鸡肋编》中称茶馆门面"金漆雅洁"，《东京梦华录》中有"旧
曹门街，北山子茶坊，内有仙洞、仙桥，仕女往往夜游，吃茶于彼"。有些茶馆还兼做小

①　冯明泉.漫谈广州茶楼业[M]//中国民主建国会广州市委会，等.广州工商经济史料——广州
文史资料第三十六辑.广州：广东人民出版社，1986：187-188.

②　《太平广记》卷 341 韦浦.

③　方金福，等.广东茶文化述略[J].广东茶业，2002（1）：26.

生意，"茶坊每五更点灯，博易买卖衣物、图画、花环、领抹之类，至晓即散，谓之鬼子市。"①此外，茶馆的室内装饰精心、雅致，如《梦粱录》中提到茶馆内有插花、挂画等②。明代《忠义水浒传》《金瓶梅词话》等的插图中都出现了茶坊的建筑形象，多用歇山、悬山屋顶，四周墙壁多以槛窗为之，便于拆卸(图3-5)。

《忠义水浒传》插图·扣打白秀英　　　　明·万历

图3-5　明代茶坊(明万历《忠义水浒传》，引自《中国古代建筑大图典》)

　　1873 年，John Henry Gray 在《广州漫游记》中，记载了作者在广州小市街附近"看到了一家名叫月珍茶居的店铺，走过茶居的大厅，可以看到后面的古坟"，可见此时的茶居建筑简陋，而在此之前相当长的时间内茶馆以一厘馆、二厘馆等为主③。茶居、茶楼之间也存在过渡关系，如"惠如楼"早期是在"潘家会馆"楼顶搭棚建茶居，后来转手由七堡

---

① 《东京梦华录》卷二　潘楼东街巷。
② 刘学忠. 中国古代茶馆考论[J]. 社会科学战线，1994：28-33.
③ 蒋建国. 晚清广州茶楼消费的社会话语[J]. 船山学刊，2004(4)：86.

乡人谭晴波将"潘家会馆"全数买下，才成了四层茶楼形式①。不少老广州人仍称茶楼为茶居，而茶楼工会也自称"茶居工会"，可见是积习使然。茶居是茶楼饼饵业的前身，其建筑的一些做法在近代茶楼中也有不少体现②。

清光绪中期，茶居集中出现在西关一带，以"居"为名是为了表示环境高雅，可媲美隐者之居。如第五甫"五柳居"，意指五柳先生陶渊明。十八甫"半瓯"，瓯是瓦制杯碗，此处指粗制酒碗。再如十七甫"第一泉"、宝华大街的"山泉"、福德里"在山泉""龙泉"等，颇有些"仁者乐山、智者乐水"的雅致情味。另一些茶居字号上也喜用"和记茶居""昌源茶室"等。③

清末外销画中出现了广州茶居形象（图3-6）。茶居门口挂市招，上书"富珠号自造蜜饯糖果赞盒幼细寿面饼食俱全"。"富珠号"茶居楼高两层，为典型的竹筒屋形式。首层地厅前半部作为门厅，两层通高显得开敞通透，不设待客桌椅。门厅内左右靠墙设饰柜，放茶叶锡罐、糕饼等物。门厅一侧设砖砌柜台，一层地厅后部是加工糕饼的厨房，有制作大案饼食的坑炉。按照平面推测，室内可能有烟道。楼梯设在正中，直跑楼梯通二楼，二楼迎面做冰裂纹屏风，正中书写"茶居"二字，客人分左右入座。二层只占房屋后半部。竹筒屋往往连排修建，左右山墙无法开窗，为了使室内显得开敞，在左右山墙挂花鸟字画装饰（图3-7）。

城内茶居存留目前已经无法考证，笔者在城郊深井村调研时发现了一处旧式茶居。深井村是珠江口前后航道交汇处的一个江心岛，属于长洲岛历史文化保护区范围。茶居（图3-8）在安来市以西，位于长洲岛深井村内进士二巷旁，在深井古民居群内，四周全被住宅包围，并无其他商业建筑。茶居主体建筑高两层，侧边附有厨房。茶居是硬山式卷棚顶，以砖砌山墙承重。与市内商铺广开铺面不同，此处茶居临街巷处大部分为实体砖墙，仅留三分一宽度作为铺面。一层墙体上的小窗为后来加建，二层窗框为红砂岩制作，窗扇为红漆木板推拉式样。主体右半部分是入口店面，入口处三分一为砖砌货台，余三分二铺面开四扇隔扇门。铺面部分二楼通面宽开葡式百叶窗，内有可调百叶角度的

① 雷婉梨.百年老号惠如楼[M]//广州市工商业联合会，广州市政协文史资料研究委员会，广州市饮食服务公司.食在广州史话——广州文史资料第四十一辑.广州：广东人民出版社，1990：18.

② 冯明泉.富有地方特色的广州茶楼业[M]//广州市工商业联合会，广州市政协文史资料研究委员会，广州市饮食服务公司.食在广州史话——广州文史资料第四十一辑.广州：广东人民出版社，1990：2.

③ 曾应枫.二厘馆·茶楼·酒家[EB/OL].[2006-06-06].http：//www.cantonese.org.cn.
南岚.西关茶楼与茶室[J].广东茶叶，2002(1)：33.
早期著名茶居——颐苑[M]//政协广州市荔湾区第十届委员会.荔湾明珠.北京：中国文联出版社，1998：143.

机关。

图 3-6　清代茶居(引自《清代洋画与广州口岸》)

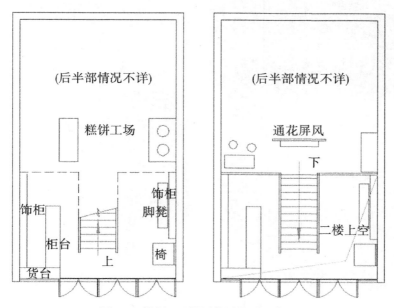

图 3-7　据图 3-6 推测茶居的平面布置

临街店面

二楼跑马廊

二楼梁架

室内木梯

图 3-8　深井村茶居

深井村茶居主体面宽约为进深两倍，由于面宽过大，故而在室内分隔处加砖柱，架设了一排梁架(图3-9)。屋顶采用五步架六檩卷棚顶。店门入口处屋顶外飘，防止雨水冲刷木制门窗，为美观檐下也做成小卷棚样式。入口室内做通高二层，室内采用隔扇分开内室和门厅。厨房有单独的对外出入口，对店内的经营不会产生影响。入内左转进入内室，室内有隔扇分割内外。隔扇槅心的纹饰很有地方特色，采用岭南蔬果作为题材。入口铺面跑马廊的设计使空间通高二层，改善了室内的通风、采光。侧面地厅仅有一扇后加建的窗户，室内的通风、采光环境不太理想。由靠墙的陡峭木梯上二楼，精美的梁架和通花板正入视野。二楼室内在梁架下设隔断(由于此处被屋主用布包裹，无法判断做法)，左右通跑马廊。山墙有门可以直接走到室外平台(此处已被改为窗)。

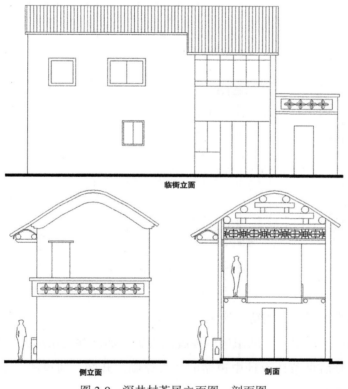

临街立面

侧立面   剖面

图3-9 深井村茶居立面图、剖面图

茶居的功能还是比较合理的，厨房和就餐区的联系，分而不断、交通便捷。二楼楼座通过跑马廊可直接走到室外平台，使就餐环境可室内外沟通(图3-10)。另外，地厅幽暗的环境也暗合清代民谚"米贵上高楼"之语，楼座有更好的就餐环境。由于此间茶居地处偏僻，对建筑防护要求较高。在开敞铺面的设计上较谨慎，建筑整体封闭性较强。室内不做天花板、露明梁架，通花木雕、隔扇，陈设古朴的家私，在雕刻题材与手法上都具有浓郁的地方特色。

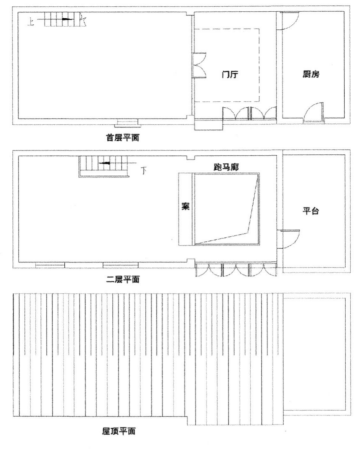

图 3-10　深井村茶居平面图

　　茶居首层前半部只作为接待、展示食品,后座一般是饼食加工、仓库等。在用地宽松的情况下,茶居的厨房等辅助用房单独脱离设置。如深井村茶居,厨房物流与厅堂客流不会交叉,也是后世茶楼设计中遵循的一大原则。开敞、通风的二楼作为营业场地。室内空间上追求高敞、通透,门厅二层通高,或者在入口处二楼楼板开天井,改善了室内环境。二楼不做天花板、露明梁架,对通花屏风、挂落等雕饰最为注重。室内分割采用花罩、屏风的方式,解决视线干扰的同时也可以美化环境。通过悬挂花鸟山水画幅、工艺品摆设等增加茶居的高雅氛围。

（三）茶楼

　　茶楼的出现不早于清同治年间,茶楼的创建过程中活跃着佛山七堡乡人的身影,如谭新义、谭晴波、谭杰南、陈伯绮等。创办的茶楼字号有"金花""利南""其昌""祥珍"等，以及众多的"如"字号茶楼等①。第一间挂出茶楼招牌的是位于十三行的"三元楼"，较早的茶楼还有油栏门的"怡香楼"、卖麻街的"巧元楼"、南关的"品南楼"等②。

　　茶居建筑也起楼，但在建筑规模上较茶楼小，两者的界限不是很严格。如民国画报中的"陶然亭"茶楼并无楼，仅为一层（图3-11）。而"陶陶居"则楼高三层、巍然巨构，取"居"为名无非更为风雅而已。晚清茶楼的开设一般有如下几种形式。一种是循序渐进发展的结果，这也是最普遍的一种情况。不少茶居经营得当、资金充裕后逐步扩建或异地新建，如"成珠楼""惠如楼"皆是此类。"成珠楼"创建于清乾隆年间，是目前有确切历史记载中最早的茶楼，其创建之初本是一间简易平房，称"成珠馆"，到咸丰年才改建为两层木结构茶楼，后改称"成珠楼"。据载"成珠楼"成为两层木楼后，门面圆柱矗立，柱上雕刻龙凤图案。地厅摆放玻璃饼柜，地厅后部是饼食以及别的食品制作工场。楼上则设木制的各种圆台、方台和椅凳，供顾客品茗。所制的饼食在柜面零售、供应茶座，或成批订购送上门③。"惠如楼"最初是陈惠如夫妇于"潘家会馆"地经营食肆，后在其天台搭棚建茶居。后由谭晴波接手将"潘家会馆"买下，当时已有四层，后陆续购买周围三十多户居民屋舍拟做扩建，最终因战事而不果④。另一种是购置民居进而改造的。如"陶陶居"，清光绪十九年（1893年）创立于城西清风桥，后店主联合谭杰南等人购置下第十甫的官员私邸"霜华书院"，由此基础扩建而成⑤。再一种是收购现有茶果铺、酒家，而后改造为茶楼的，如"莲香楼""南昌楼"等。至于茶楼、酒楼之间的收购、并购更是不胜枚举。茶楼、酒楼之间的界限至清末已逐渐模糊，原本两者之间互不兼容的业务范围开始交叉，茶楼开酒宴，酒楼也开设茶市。

　　茶楼出现之初主要是服务大众，消费水平并不高，民国后茶楼开始转型为各行各业买卖洽谈、互通信息的地方，茶楼建筑的规模扩大，对装饰装修的要求也更高了。茶客

　　①　东如、西如、南如、太如、惠如、多如、三如、五如、九如、天如、瑞如、福如、宝如。
　　②　冯明泉. 漫谈广州茶楼业[M]//中国民主建国会广州市委会，等. 广州工商经济史料——广州文史资料第三十六辑. 广州：广东人民出版社，1986：187.
　　③　广东省政协文史资料研究委员会. 广东风情录[M]. 广州：广东人民出版社，1987：148；黄曦晖. 成珠茶楼沧桑史[M]//广州市工商业联合会，广州市政协文史资料研究委员会，广州市饮食服务公司. 食在广州史话——广州文史资料第四十一辑. 广州：广东人民出版社，1990：50.
　　④　雷婉梨. 百年老号惠如楼[M]//广州市工商业联合会，广州市政协文史资料研究委员会，广州市饮食服务公司. 食在广州史话——广州文史资料第四十一辑. 广州：广东人民出版社，1990：17-18.
　　⑤　冯明泉，阿汉. 陶陶居上乐陶陶[M]//广州市工商业联合会，广州市政协文史资料研究委员会，广州市饮食服务公司. 食在广州史话——广州文史资料第四十一辑. 广州：广东人民出版社，1990：35-36.

图 3-11　卫边街"陶然亭"茶楼(引自中山大学图书馆藏《时事画报》《赏奇画报》合订本)

也开始分化，不同行业、兴趣的人倾向于去不同的茶楼。艺人、女伶多相约到"澄江""庆男"；提雀笼的闲逸人士则听鸟于"太如"；喜弈者对弈于"荣华"；经营药材、海味、南北行的生意人集中在"陆羽居"；收买旧物的喜欢到"祥珍"；建筑木工行的多聚集在"巧心"茶楼；教师、公务员多集中在汉民路(今北京路)的"涎香楼"；中华中路(今解放中路)四牌楼附近的茶楼，是北郊菜农的聚集场所；西关的"陶陶居"是粤剧界人士喜欢去的地方。①

　　茶楼业在桨栏路设有行业会馆"协福堂"，各茶楼司理常聚集于此交流市场信息，研究社会动态、预测茶楼开设地段的好坏、决定投资等。"协福堂"属于东家行，此外还有西家行——成立于1919年茶楼业职业工会(也称茶居工会)。由于茶楼是公共场所，职工往往要面对各色人等，遇到旧时恶势力难免受欺负。茶居工会在城内各处分设有十余间"分部"(也称"馆"，著名者有"莲义社""孔怀馆""结庐""息庐""合群""颖新""业余"等)，茶居工人闲时在这些分部健身习武、休闲娱乐。各分部聘有武术教头，一旦附近茶

---

　　①　广州市志[EB/OL]. www.gzsdfz.org.cn.

楼职工出事，可立即组织起来到现场排解①。

茶楼相对茶居，具有地势好、占地广、建筑体量大、层数高、装饰装修繁复的特点。茶楼经营的成败一半靠地点，一半靠人气。茶楼选址必然是商业旺地、靠近车站、码头、路口、丁字路交会处，此外店铺更要有较大面积。第一代茶楼王谭新义为了解决茶楼选址难的问题，还专门成立合兴置业公司，专门收购适合建设茶楼的产业。光绪三十四年（1908 年）西关第十甫西约连登巷口有家"连香"茶果铺，因彼时茶果铺行业已逐渐被茶楼饼饵业挤占，当时"连香"正在暗盘招顶（不公开招标，全盘家私铺位转让）。谭新义通过"连香"茶果铺糖饼师傅陈维清介绍"勘盘"，收购妥当后，认为其基址狭隘。于是又以"合兴堂"名义，收购了"连香"茶果铺相邻房产共 350 余平方米②。这也可以看出茶楼对基址的要求，除了交通便捷、客源保证外，具有足够规模也很重要。创建茶楼的资金中用于置业的往往达到总资金的一半以上，当购置的房屋不能满足营业需求时，常采用拆、拼，甚至重建的方法来解决。剩下的一半资金用于茶楼装修、购置设备和经营茶楼所需的流动资金③。如"莲香楼"创建时正是将旧有"连香"茶果铺连同周边相连房产 350 余平方米，一并拆平后建设而成④。"陶陶居"选址于第十甫"霜华书院"，初期招股 300 支，以每支 200 元（白银）计，共得 6 万元（白银）。即便如此，"陶陶居"还是入不敷出，又于"关恒昌"银号揭款周转，后银号老板关楚白将贷款入股，最终筹得 8.16 万元（白银）才完成置业，茶楼置业费用之高由此可见一斑⑤。此外，茶楼自然而然地对优质水源有需求，在选址上这也是值得重视的因素。"惠如楼"在旧清风桥遗址处，井水水质好、甘甜清冽，特宜冲泡茶水⑥。茶楼的地址选定后，还要请风水佬（堪舆师）开罗盘、测方位、

① 冯明泉．富有地方特色的广州茶楼业[M]//广州市工商业联合会，广州市政协文史资料研究委员会，广州市饮食服务公司．食在广州史话——广州文史资料第四十一辑．广州：广东人民出版社，1990：14-15.

② 冯明泉．莲香楼与莲蓉月饼[M]//广州市工商业联合会，广州市政协文史资料研究委员会，广州市饮食服务公司．食在广州史话——广州文史资料第四十一辑．广州：广东人民出版社，1990：24-25.

③ 冯明泉．富有地方特色的广州茶楼业[M]//广州市工商业联合会，广州市政协文史资料研究委员会，广州市饮食服务公司．食在广州史话——广州文史资料第四十一辑．广州：广东人民出版社，1990：3.

④ 冯明泉．莲香楼与莲蓉月饼[M]//广州市工商业联合会，广州市政协文史资料研究委员会，广州市饮食服务公司．食在广州史话——广州文史资料第四十一辑．广州：广东人民出版社，1990：26.

⑤ 冯明泉．著名茶楼陶陶居[M]//中国民主建国会广州市委会，等．广州工商经济史料——广州文史资料第三十六辑．广州：广东人民出版社，1986：176.

⑥ 雷婉梨．百年老号惠如楼[M]//广州市工商业联合会，广州市政协文史资料研究委员会，广州市饮食服务公司．食在广州史话——广州文史资料第四十一辑．广州：广东人民出版社，1990：20.

定吉日，然后方可动工。

　　由挑卖、一厘馆、二厘馆发展到茶居、茶馆，再到茶楼，建筑形式逐步进化发展。早期是多种形式并存的，挑担、竹棚、平房这几种类型散布于市内各个角落，在桥头、码头、墟市等人流多、商业旺的地段比较集中；其特点是普遍规模小、经营灵活，建筑及装饰装修简单。大多数的茶居采用常见的民居形式，在不同的用地环境下也有独到的设计。茶居建筑具有鲜明的商业特色，尤其是室内环境、装饰、陈设等的设计。虽然光绪初年广州已经有茶居，但至光绪中叶（约 1890 年）佛山的衰落导致资金流入广州，加上清末广州城市消费风俗日趋奢靡，民国以后很少见到茶居的招牌①。

　　茶楼，顾名思义以"楼"而著称，楼层多至三四层，室内层高更高。因为其兴起年代较晚，除了传统的方杉木楼外，更有钢筋混凝土框架结构楼房。建筑体量加大后在立面效果上更有气势，因为室内都是通面宽开玻璃窗，导致在立面能做宣传广告的位置仅有结构梁柱、窗下裙板。近代"高升"与"陶陶居"茶楼（图 3-12、图 3-13）的立面柱身、裙板

图 3-12　"高升"大茶楼（引自《广东百年图录》）

---

　　①　冯明泉. 漫谈广州茶楼业［M］//中国民主建国会广州市委会，等. 广州工商经济史料——广州文史资料第三十六辑. 广州：广东人民出版社，1986：185.

图 3-13　"陶陶居"（引自《广东百年图录》）

都密布字招。20世纪20年代的"陶陶居"建筑采用了折中式的做法，在顶楼女儿墙的设计上取西洋做法，顶楼"可观亭"却是纯粹的中式六角亭阁。在细节窗扇、檐板、壁画的设计上，采用富于岭南特色的花草、人物、鸟兽纹样。

　　茶楼兼并了茶果铺的业务，功能上较茶居更为复杂。首层入口设饼架柜面①，后座设制饼工场。茶楼尤重饼柜陈设，讲究排场体面、古色古香。饼柜同样是茶楼的重要标志，食客可以从门口陈设饼柜判断此处为茶楼，而同为餐饮业的酒楼则设低柜（烧烤卤味柜）为标志。"陶然亭"茶楼中的饼饵饰柜，在醒目位置分层放置饼食、酒罐、茶叶罐。其中一些并没有实际用途，如标有茶叶名称的大罐，因为储量小并不适于频繁取用，所

---

　　① 饼架柜面也称饼食饰柜，其装饰作用大过实用。参见冯明泉. 漫谈广州茶楼业［M］//中国民主建国会广州市委会，广州市工商业联合会，广州市政协文史资料研究委员会. 广州工商经济史料——广州文史资料第三十六辑. 广州：广东人民出版社，1986：185.

以往往是空的，仅作装饰用①。茶水的好坏直接影响茶楼的生意，近代长堤一带茶楼曾有以大壶冲泡的劣质"太平茶"待客，以不取茶资作为经营特色。但喜好品茶的广州人并不为小利吸引，去这样的茶楼饮茶会被讥为孤寒、吝啬。另外，如普洱、六安瓜片一类茶叶存储得当，愈陈香味愈醇厚。有些大茶楼会单独辟有整洁屋舍储藏茶叶，从侧面也显露了茶楼的实力。

茶楼供奉关云长和铺神地主，供桌非常讲究，一般用酸枝做长桥台，下置八仙台，八仙台下则是铺神地主的宝座。逢节庆，店主必毕恭毕敬地拜神，店员也可加餐饱食一顿。虽然此点有一定的迷信成分，但茶楼建筑还是以讲究专业、实用为主，而且由于经营扩大后带来的使用功能上的问题(如客流、货流的交叉，厨房的加设，下水道的油污阻塞等)，都需要在建筑功能布局中得到解决。早期的茶楼食品较简单(俗称大案饼食)，每张桌面上都有食物，客人食后计钱。熟笼蒸制食品(称小案)是后期出现的，这使茶楼除了制饼工场外，仍需要设置厨房②。如"莲香楼"首层铺面为经营饼食，后座为制饼工场，余下皆为仓库。在后巷设门方便仓库食料的运输，避免和铺面客流流线交叉。厨房设于客座二楼、三楼之间，使得成品保持新鲜，广州话俗称"镬气"。为了防止客人和送餐之间的流线交叉，还设职工专用的后楼梯③。茶楼的下水道较普通民居要阔数倍，很多备有隔油池，每隔六七米或者拐弯的地方都要设沙井，方便清理。

吸取了茶居建筑的经验，茶楼建筑对室内空间的处理手法更纯熟。比较来说，茶楼建筑层高更高，一般首层4米左右，楼上客座在5米或以上。如4层的"惠如楼"，首层层高4米多，因为首层要设制饼工场以及仓库，故而4米的层高才足够。店铺入口处为了避免受首层层高不足的影响，一般做通高二层、高度在7米以上④，此处也可以看出茶楼和茶居建筑发展的延续性。"惠如楼"二楼层高5.5米；三楼层高5米，由于楼上均

① 冯明泉．富有地方特色的广州茶楼业[M]//广州市工商业联合会，广州市政协文史资料研究委员会，广州市饮食服务公司．食在广州史话——广州文史资料第四十一辑．广州；广东人民出版社，1990：9．

② 邓广彪．广州饮食业史话[M]//广州市工商业联合会，广州市政协文史资料研究委员会，广州市饮食服务公司．食在广州史话——广州文史资料第四十一辑．广州：广东人民出版社，1990：217-218．

③ 冯明泉．莲香楼与莲蓉月饼[M]//广州市工商业联合会，广州市政协文史资料研究委员会，广州市饮食服务公司．食在广州史话——广州文史资料第四十一辑．广州．广东人民出版社，1990：24．

④ 冯明泉．富有地方特色的广州茶楼业[M]//广州市工商业联合会，广州市政协文史资料研究委员会，广州市饮食服务公司．食在广州史话——广州文史资料第四十一辑．广州：广东人民出版社，1990：3．

为客座，人多嘈杂、空气质量差，故而层高高、广开窗，可改善室内环境①。

茶楼对建筑和装修装饰精美程度的要求越来越高，这和晚清广州社会消费的快速增长相对应的。为了追求高敞的室内效果，无论是方杉木楼或钢筋水泥结构，都裸露屋顶不设天花板。对檩下挂落、横眉、花檐的设计十分讲究，一般室内的间隔常以全木雕通花罩或者屏风来完成，其他装饰构件也多做雕饰。木雕题材以山水人物、动植物图案为主，精细的甚至贴上真金。广式木雕是广州"三雕"之一，素来以雕工精细、繁复、华丽而闻名。如"惠如楼"三楼大厅内的"万寿藤""成珠楼"在铺面木柱雕刻的龙凤图案等。依据茶楼规模和经营对象的不同，雕刻精细程度有别。新中国成立后办公私合营，一些旧茶楼衰落后被拆除，其中的精美雕饰、摆设多数被收集起来在新的茶楼建设中使用。如1960年，泮溪酒家重建时室内就采用了钟家花园拆除的通花花罩以及套色玻璃窗。茶楼室内陈设上有季节特点，春节时茶楼厅房雅座均插满桃花，红紫缤纷，具有浓郁的节庆色彩；中秋时在铺内悬挂巨大月饼型实物幌子，或以各类彩色灯装点等，题材上多选取群众喜闻乐见的古代传说或者历史故事，如嫦娥奔月、三英战吕布、仙女散花等，惹得一众路人围观，非常热闹。②

广州人称去茶楼饮茶为"上高楼"，茶楼建筑对楼梯的装饰装修颇重视。楼梯除了步级适中外，对人体接触的扶手材料尤为讲究，一般采用坤甸木或者全铜制作，梯级边沿做扁铜条以保持木梯不磨损、不塌陷。如"莲香楼"的楼梯踏步用波罗格，扶手用坤甸木，扶手头柱则用酸枝，梯级边镶扁铜条，既富丽又实用③。室内的家具一般采用云石枱、花旗椅，以求坚固耐用。室内多悬挂字画以装饰，一般设在醒目位置。如"惠如楼"在二楼楼梯转角位置设巨型镜屏，上悬匾额行草大书"观人观我"，颇有哲理深意。二楼正厅位置悬挂书法家赵大谦手书匾额"少长咸集"，正切合环境。在文人诗词、书画宣传方面最出名的当数"陶陶居"，由于其创办兼司理陈伯绮是清末大儒南海朱九江的再传弟子，其本身有文化、有修养，和当时的文人（如翰林江空殷、秀才黄慈博等）过从甚密。利用这些文人雅士的社会影响力和过人的才情，陈伯绮邀请他们为"陶陶居"撰写诗词、对联、宣传文章等，甚至指点楼堂布局、装饰设计等，起到了很好的宣传效果。

还有一种类型——茶室，介于酒楼与茶楼之间，出现于清末民初。比较出名的有宝华中约的"翩翩茶室"。此外茶室在近代女权运动中也扮演了重要角色，20世纪20年代

---

①　雷婉梨．百年老号惠如楼[M]//广州市工商业联合会，广州市政协文史资料研究委员会，广州市饮食服务公司．食在广州史话——广州文史资料第四十一辑．广州：广东人民出版社，1990：18-19.

②　文史资料研究委员会．广州文史资料第十八辑[M]．文史资料研究委员会，1980：288.

③　冯明泉．莲香楼与莲蓉月饼[M]//广州市工商业联合会，广州市政协文史资料研究委员会，广州市饮食服务公司．食在广州史话——广州文史资料第四十一辑．广州：广东人民出版社，1990：26.

初，北京路的平权女子茶室、十八甫的平等女子茶室首创由女性主持服务工作，一时引起很大的社会反响①。

(四)大肴馆、酒家

大肴馆也称酒馆、姑苏馆、包办馆，其中姑苏馆主要为达官贵人服务，而包办馆主要是经营平民婚丧嫁娶、社团、神诞等的宴请活动。19世纪下半叶，布局紧凑的竹筒屋建筑才占据建筑主流，竹筒屋内生活空间狭小，能存储的家具、炉灶、餐具都比较有限。当市民需要办理酒席时，多选择到大肴馆柜面办理预订手续。所有杯盘碗碟、炉灶等用具皆为大肴馆配备，家私桌椅亦可支付租金租用，非常方便。届时大肴馆将派出厨师、助手上门烹调，筵席即设在市民家中，称为"上门到会"。若是市民家中空间有限，实在不敷使用，还可租用大屋作为宴饮场所。所以即便多达数百席的酒宴，也可不劳顾客费神、顺利办妥。大肴馆中最著名的是清光绪年间由黄老三创立、位于今龙津路的"聚馨酒馆"，其创立后共传承祖孙三代。大肴馆的组织负责人多数是熟悉业务、善于烹调、采购食材，具备管理才能者。其组织简单、设备少，既不需要仓库、厨房，也不需要宴饮厅堂。营业利润高，故而能经久不衰。较上等的大肴馆设铺于商业繁华地段，而偏僻小店则多利用经纪人介绍，业务都很兴旺。

大肴馆全盛时期有百余家，集中在西关一带。清末由于社会消费风气的变化，士绅贵人追求潮流、讲究排场，大肴馆这一形式已经无法适应社会需求。其中大型大肴馆多转变业务，改为酒家、酒楼、饭店等。中小型者多半歇业或并入其他餐饮行业。如普济桥口的"桃李园"本为大肴馆，但其楼高四层颇具规模，清末扩充后改称"金华酒家"，后又更名为"钻石酒家"。"桃李园"有楹联"桃李成蹊引人入胜，园林涉趣不醉无归"②，推测其铺内可能有园林的设计，也为转营酒家打下基础。再如观音桥东(大同路)的"福馨"也是扩张后改营酒楼、兼营茶楼业。原处于西来初地的"新远来"迁至"陶陶居"侧，后被"陶陶居"兼并。大多数的中小大肴馆只能走上逐步消亡的道路，如宝华大街的"满春""占春""流春"(三者合称"三春")、"长春"，惠爱路的"玉堂春"等。③

---

① 冯明泉.漫谈广州茶楼业[M]//中国民主建国会广州市委会，广州市工商业联合会，广州市政协文史资料研究委员会.广州工商经济史料——广州文史资料第三十六辑.广州：广东人民出版社，1986：202.

② 邓广彪.广州饮食业史话[M]//广州市工商业联合会，广州市政协文史资料研究委员会，广州市饮食服务公司.食在广州史话——广州文史资料第四十一辑.广州：广东人民出版社，1990：242.

③ 冯汉等.广州的大肴馆[M]//广州市工商业联合会，广州市政协文史资料研究委员会，广州市饮食服务公司.食在广州史话——广州文史资料第四十一辑.广州；广东人民出版社，1990：159-166.

明代小东门外永安桥有"永利酒家"，民国文献记录中称其当时犹存，是广州酒家中历史最为悠久的，彼时已有两百年的历史①。(清)陈昙《邝斋杂记》称吴六奇(1607—1665年)未遇时，曾于双门底双阙前酒家独酌。清末太平门外有太平酒楼，张维屏(1780—1859年)《太平酒楼歌序》："羊城西南有月城，其门曰'太平门'，内数武，有楼翼然，高及女墙之肩，楼窗洞开，万户一览，清风肃容，白布布筵。虽酿花非馀杭之仙，当垆少卓氏之女，然而老羌方渴，麹生为缘。饮多郑公之壶，眠有吏部之瓮。莫不青蚨雨集，绿蚁川流。飞大户之觥筹，话中年之哀乐。"②东堤襟江楼"襟上酒痕多，廿四桥头吹玉笛；江心云色重，万千帆影尽金樽。"③1919年前，广州著名酒家计有"福来居""贵联升""品连升""一品升""玉醪春"等。花舫主要有"合昌""琼花"等。花筵馆是专营妓寨生意的酒馆，多在东堤、陈塘一带，清末有"永春""京华""流觞""燕春台""瑶天""群乐"等。其后四大酒家兴起，分别为"文园""南园""谟觞""西园"。

如"福来居"一类的大酒家对格局设计非常讲究，一般分为厅、堂、房座，并冠以"杨柳""芙蓉""红棉"等雅致名称。在室内布置上，酒具多以银、锡精制，碗碟来自江西名瓷，筷子则选用象牙材质，可谓极尽奢华。其他中、小酒家则分列市内各处，铺面多悬挂"随意小酌"的招牌。中等酒家一般也设有小厅房，环境也颇为雅致，但在室内陈设上要稍逊一筹。

目前能了解到图像资料的老城区酒家(菜馆?)仅有"颐苑"一处，位于城西十一甫(图3-14)。西关十一甫为富商聚集的地段，西关大屋占地大、室内雅致，需要相当的消费力支撑。"颐苑"在1905年《天趣报》刊广告云："本号尚备南北酒菜、满汉全席、大小全餐、九龙茶、新式面食、点心"，单满汉全席(计有108道菜色)一项就不是普通酒家所能置办。

"颐苑"茶居采用典型的西关大屋形式，单层双坡顶，入口处仅有门无窗。门廊为对称的凹斗式，可见西关大屋常见的三件套脚门，门厅入口的圆光花罩依稀可见。门头上挂字号匾额"颐苑"，门两侧挂楹联。门廊下左右对称设四座花几，檐下挂市招上书"特别脯鱼面"，其外墙招上书"九龙泉山水名茶"。九龙泉在广州人心目中是优质水源的保证，"颐苑"的外墙墙招显得很写实，有地方特点。"陶陶居"茶楼曾每天以人力板车运白

---

① "广州货店，以小东门外永安桥区'永利酒店'最古，盖始自前明。张维屏有诗云：'万瓦鳞鳞雉堞遮，小东门外一帘斜。永安桥畔行人识，二百年前旧酒家。'今店尚存，取大东门外东里井水酿酒，味颇甘醇。"(民国)《番禺县续志·点注》卷十二 实业志。
② 黄佛颐. 广州城坊志[M]. 广州：广东人民出版社，1994：560.
③ 邓广彪. 广州饮食业史话[M]//广州市工商业联合会，广州市政协文史资料研究委员会，广州市饮食服务公司. 食在广州史话——广州文史资料第四十一辑. 广州：广东人民出版社，1990：242.

图 3-14 "颐苑"(引自《荔湾明珠》)

云山九龙泉水至市内,再以数十人以红色扁担、红色木桶列队肩挑,每个水桶上均写上"陶陶居""九龙泉水"字样,彼时传为新闻,起到了良好的广告宣传效果①。

清末著名酒家"大三元"在长堤,四乡轮渡聚集于此,热闹非常。"大三元"在铺面装点石湾艺人制作的人物花鸟浮雕,浮雕中还有一童子于炉边煮酒,形象栩栩如生。因招牌菜色为大群翅(价六十元,当时每人每月生活费仅六七元),故而在铺面悬挂大鱼翅作为招牌。"大三元"又于店内设新式电梯,打出广告曰"有机可乘",一时风头无两,取代"文园"成为四大酒家之首。②

1936 年以后,茶楼、酒楼、粉面三个自然行业的界限已经逐步消失,茶点、饭市、筵席都可兼营,"陶陶居""莲香""大元""惠如"等茶楼成为行业合并的先行者。

二、大型茶(酒)楼的建筑特色

广州城集中的财富为造园活动的展开做了铺垫。明清时期广州名园大概有五六十处,且都颇具规模,如"晚景园""磊园""听雪蓬"等。遗憾的是经历战火洗礼、政局动荡,"今日羊城已无一较完整的旧园,惟外县尚存三两,年代少超过同光时期"(夏昌世《园林

---

① 冯明泉,阿汉.陶陶居上乐陶陶[M]//广州市工商业联合会,广州市政协文史资料研究委员会,广州市饮食服务公司.食在广州史话——广州文史资料第四十一辑.广州:广东人民出版社,1990:40.

② 广州文史资料研究委员会.广州文史资料第十八辑[M].广州:广东人民出版社,1980:315.

述要》）。清代广州园林中商人宅园占了相当的一部分，造园常谓"三分匠人、七分主人"，相对江南园林以文人骚客为主、北方园林以政客官僚为主的情况，岭南造园由商人富豪主导。追求感观享乐、炫耀财富的远儒文化对造园的渗透无处不在，突出地表现在空间实用性、宅园一体等。如清代主掌外贸的十三行商人在今河南同福路及西关泮塘一带均建有大型宅园，如潘仕成的"海山仙馆"、伍崇曜的"万松园"、潘有度的"南墅"等。目前存留完整的"小画舫斋"，主人黄绍平也是在西关务商。除了商人作为园林主人主持造园活动外，商业资本对造园活动的影响也颇引人注目，在茶楼酒肆的建造方面表现得尤为突出。

三、茶（酒）楼园林的特点与分布

清末的园林式茶（酒）楼主要有"陶陶居""广州酒家""银龙酒家""北园酒家""西园酒家""南园酒家""文园酒家"等。园林建设改善了室内环境，带动了消费，脱离了之前主要与民居住宅结合的模式，自身更发展出了新的特点。这种新的园林形式茶（酒）楼绝非一蹴而就，而是渐进发展而来。

茶（酒）楼注重园林环境，自然不会是取决于茶（酒）楼建设者的偏好，而是纯粹的市场指引。园林式茶（酒）楼的选址大约分为两类：一类深处城市中，周边环境欠佳，故向内而求类；一类选择郊野风光秀丽所在，向外利用周边环境。

（一）城市中

第一种情况以"陶陶居"茶楼为代表，其创建于清光绪十九年（1893 年），早期并没有园林特色。民国十一年（1922 年）第十甫开拆马路，"陶陶居"购置了霜华书院的宅基，将其改建成为楼高三层的茶楼。在"陶陶居"的开办过程中，当事人的影响力不容忽视。创办人谭杰南、陈伯绮虽然也算经验丰富（谭杰南是永汉路"涎香"茶楼司理，陈伯绮是第二甫"调珍"茶楼的正柜），但是在茶楼同业中还属于后生晚辈，讲究创新是他们的制胜法宝。其中陈伯绮更是茶楼业中不可多得的人才，他是清末大儒朱九江的再传弟子，饱读诗书、广交名士，其审美与文化境界自然不可等同于一般茶楼同行。"陶陶居"茶楼建成后布局形式别开生面，原本作为厨房、库房的后座，被改造成为以中心园林为核心，正、东、西均设厢座（俗称"卡位"），称"勾曲仙居"。厨房由原在首层改在楼层夹层，如此厨房至楼座、厢座距离相当，有助于保持食物新鲜。

第一代"茶楼王"七堡乡人谭新义认为茶楼的成败，一半靠地点，一半靠人气，购置合适的地块始终是茶（酒）楼成败的关键，昂贵的建设成本，自然需要更多的营业空间、提高营业金额来弥补。"陶陶居"楼高三层,若按照旧式茶楼做法,能使用的面积不外两层,如同规模的"莲香楼"仅二、三层设客座。但通过在首层加设园林,"陶陶居"一举扩充了三成营业面积,不可谓不精明。对茶(酒)楼而言,因其选址多为商业旺地,故而这点创新极富商业价值。中心园林设计更是透着强烈的世俗化倾向,假山怪石、龟池古塔,甚至还育有活猴子①。虽然世俗化是岭南园林的主要特点,饲喂动物飞禽作为园林点缀也很常见,比如行商潘启官的庭院内育有天鹅、朱鹭、鸳鸯等②,番禺余荫山房内饲喂孔雀等,但如此刻意逢迎世俗口味、饲喂活猴的也算空前绝后。

"文园酒家"也是这一类型的代表,其基址本为文昌庙所在。相对于优伶齐聚的"陶陶居","文园酒家"因基址附近文人汇集而客人多为文人骚客。不同于"陶陶居"集中式庭院的做法,"文园"将厢座散设于亭台楼阁中,而中心园做莲池,池心有亭设雅座。楼下大厅为礼堂,楼上为雅室,又置石山盆景、泥牛瓦童供客赏玩,整体氛围颇为雅致。

还有一些茶(酒)楼基址本身为豪门私邸,附有园林,"旧园妙于翻造,自然古木繁花""雕栋飞楹构易,荫槐挺玉成难"(《园冶》相地篇),以合宜的旧园改造,在植物造景上有着天然的优势。这类茶(酒)楼往往通过合理利用旧有园林,将其有机组织起来建设更高雅、清幽的环境,迎合士绅官宦的审美品位,提升自身的消费档次。"谟觞酒家"原址在第十甫,但第十甫大火后,其购置了西关宝华正中约钟锡璜的私园(也称钟家花园)异地重设。(可惜经历战乱,钟家花园的痕迹最终只留下一株百年木棉。)"谟觞酒家"布局陈设保留了钟家花园的布局,亭台楼阁、曲径通幽,内设一拳石斋、二酉轩、三雅堂、四时斋、金符斋、玉茗堂、香石斋、缫烟阁、坚寿亭、雾淙水榭等茶亭。虽然其格局经历变迁已经无从寻觅,但是单从茶亭题名来看,其雅致、清幽已然呼之欲出。每一茶亭题名均有来历,如一拳石斋陈设"一拳石",乃是广东十二名石之一,再如香石斋陈设盆景,乃是以九里香与雄鹰造型石英并置,故云"香石",凡此种种不赘述③。南园在南堤二马路,店内园林绿荫、清幽秀丽,有廊连接东西二坊,均可列百余席。西园在西门惠爱路(今中山六路),入口为账房、堂所,接待宾客,再入为内院天井,庭内植两株连理木棉,由两侧廊入后部雅座④。

① 冯明泉.著名茶楼陶陶居[M]//广州市工商业联合会,广州市政协文史资料委员会.广州工商经济史料第二辑,广州文史资料第三十九辑.广州:广东人民出版社,1989:178.

② [美]亨特.旧中国杂记[M].广州:广东人民出版社,1992:89.

③ 冯汉.抗战前后的银龙酒家[M]//广州市工商业联合会,广州市政协文史资料委员会,广州市饮食服务公司.广州文史资料第四十一辑.广州:广东人民出版社,1990:94-102.

④ 广州文史资料研究委员会.广州文史资料第十八辑[M].广州:广东人民出版社,1980:315.

（二）郊野地

以人力取胜自然是无奈之下的选择，更多时候经营者直接选择交通、风景均合宜的地点建设茶(酒)楼。"郊野择地，依乎平冈曲坞，叠陇乔林，水浚通源，桥横跨水，去城不数里，而往来可以任意，若为快也"(《园冶》相地篇)。以广州的地理环境和人口分布分析，热闹些的景点有西城的八桥胜景、河南鳌洲的漱珠桥畔，更富野趣的景点有白云山麓、泮塘等地，都是不错的选址，一者靠近官宦富商居所，再者自然景致多情。

西关八桥指坐落在下西关涌和大观河的汇源桥、蓬莱桥、三圣桥、志喜桥、永宁桥、义兴桥、大观桥和德兴桥。其中尤以大观河上的大观桥、义兴桥为茶(酒)楼集中地段，"桥心月色灿流霞，桥外东西四大家，宴罢画堂归去晚，红灯双导绛舆纱"①。酒宴散去、伊人归来，桥心月色合着两岸通明的灯火，是一幅动人心魄的浪漫场景。行商聚居的鳌洲峡溪一带，酒家多依漱珠涌而设，高阁临水、凭栏快意。《白云越秀二山合志》记道："(漱珠)桥畔酒楼临江，红窗四照，花船近泊，珍错杂陈、鲜□并进。携酒以往，无日无之。初夏则三鳘、比目、马鲛、鲟龙；当秋则石榴、米蟹、禾花、海鲤。泛瓜皮小艇，与二三情好薄醉而回，即秦淮水榭未为专美矣。"

"北园酒家"，基址是民国时广州市商会会长邹殿邦祖父的私宅，地处广州北郊，离茶寮聚集的登峰路不远，北依白云山麓，环境清幽、颇有田园景致。20世纪20年代末，邹殿邦出面和一些官僚太太集资建"北园酒家"，人称"山前酒家，水尾茶寮"。在酒家附近自辟菜圃，种植时蔬，突出自身的郊野趣味。抗日战争时期，"北园"因时局影响于1938年结业，1947年局势稳定后重新开业。"新北园"依然保持旧有的野趣，松皮、竹篱虽透着创业的艰辛，但也算是对"北园"固有风格的承继②。1957年，经由岭南建筑大师莫伯治先生设计，在保存"北园"原有风格的基础上，吸收了如番禺余荫山房等岭南古典园林的设计手法，利用民间收来的建筑旧料，设计完成了既有地方特色又装饰精美的内部庭院。1984年再次扩建，1992年又进行了一次全面装修，2006年底则以4120万的拍卖价格被东悦酒家收购。

除了"北园酒家"外，"泮溪酒家"也是自然环境优越的代表。1947年，李文伦、李声铿父子集资开办酒家位于泮塘，创建之初竹木松皮搭建、形制简陋。基址附近有数条小溪流过，充满田园、乡野气息，一时间文人雅士云集，声誉渐隆。

---

① 叶曙明. 春城三百七十桥[J]. 广州文艺，2004(10)：35-40.
② 张格林. 古色古香的北园酒家[M]//广州市工商业联合会，广州市政协文史资料委员会，广州市饮食服务公司. 广州文史资料第四十一辑. 广州：广东人民出版社，1990：131-138.

四、动力机制探讨

茶（酒）楼园林是全新的城市公共绿化空间模式，任何新事物的产生背后总有着各种推动力量。大多数位于市区的茶居酒肆采用常见的竹筒屋，或西关大屋形式，通过加大进深或者起高楼等方式满足营业的需要。由于建筑密度高，室内底层通风不好，故而首层除了前半部设柜迎客外，后座多设厨房、库房等辅助功能。民谚有"有钱楼上楼、没钱地下痞"之语，生动地说明了底层室内环境的低劣。竹筒屋进深过大，山墙及后墙都无法开窗，室内采光不好，故而在室内外装饰装修上尤为讲究。其实这个传统由来已久，宋代《梦粱录》记杭州茶肆，"插四时之花，挂名人画，装点门面"，"今之茶肆，列花架，安顿奇松异桧等物于其上，装饰门面"。清代广州茶居多采用悬挂名人山水字画来打破墙体的封闭、阴暗，内部雕饰华美，如通花屏风、挂落、花窗等，选用的家具多为高档硬木制作、大理石饰面，坚实耐用、纹理美观。但是所有这些都限于在比较表面的范围内改善环境而已，并没有涉及室内空间模式的改造。

茶居的成功在多大程度上启发了茶楼经营者，使其意识到优美自然环境也是经商的制胜法宝，目前已无法得知。但是茶楼的兴建确实开始重视对自然环境的借鉴，是茶楼与园林结合的开始。茶楼与茶居不同，它需要更大量的客流、更高的消费力来支撑，期望商业旺地、周围依然青山绿水显然是不现实的，向外借的方法行不通，茶楼自然只能求诸自身了。

在城市公共绿化与市民居住空间被压缩的情况下，商业资本的介入引发园林与茶（酒）楼的融合，形成了新的城市公共绿化空间。茶（酒）楼在清代是市民生活的重要组成部分，园林与其结合开拓了一个双赢的局面。一方面，园林开始步入市民群众的视野，成了城市公共空间的重要组成。另一方面，茶（酒）楼通过引入园林，调节了室内小环境，改善了原本不堪使用的首层，增加了营业面积。再者，通过园林的建设凸现自身的品位，更易于得到各层次消费人群的认可，达到经营成功的目的。

纵观中国园林发展史，园林一直为皇室官宦、文人绅商所占有，市民很少有享用园林环境的机会。而茶（酒）楼园林则突破了这一惯有模式，让普通市民在喧嚣的城市生活之外，更易于亲近自然。长期以来园林多作为主人财富与品位的外在表现，而茶（酒）楼附设的园林则成了城市消费的一部分。相较于富丽堂皇的皇家园与附庸风雅的文人园，茶（酒）楼附设园林更贴近市民群众的生活，其中更是表现出寓俗于雅的现实世俗趣味。

凯文·林奇在《城市形态》中衡量城市的基本指标就有"感受"，感受是空间环境、居民的感受和精神能力以及本土文化建构之间的协调程度。感受是主观的，依观测主体的情况而变化。一方面，茶(酒)楼园林是岭南地方文化特定时空阶段的产物，本地居民对老字号茶(酒)楼的偏好多少也反映出对这种具有文化色彩空间环境的认同。另一方面，空间环境作为地方文化的一部分，使得我们在文字、图像之外，有了更生动感受地方文化的途径。

第二节　金　融　业

广州民间金融业有银号、典当业、侨批三大类。清乾隆嘉庆年间，濠畔街兴起的银号主要是专营存放汇款的大银号，兼营门市金银兑换，叫作"做架号"，入"忠信堂"行会。规模较小的银号称"找换店"，只经营金银兑换，多在登龙街(今和平东路)、打铜街(今光复南路)。这些大银号在光绪中期以后逐步消亡，而原本作为银号营业的濠畔街也逐步转为土产批发、中药一类前店后坊式的店铺。银号的建筑形式目前已经较难了解。

贷款以物作按，谓之"质"，经营质业者通称为典当。广州典当业分为当、按、押及小押(雷公轰)四种。《状元坊南海当行会馆碑志》记，"南海地当省会，当行凡数十间，其先原有会馆，以垫隘弗堪，聿谋创建，至雍正十一年(1733年)，始卜地於状元坊。"由此可知广州当行已有悠久历史。《番禺当行会馆碑志》记，"其别建者，则在老城流水井"。在咸丰八年(1858年)之前，广州只有当店而无押店。因押店满当期限更短，其后不少当店停业或转营押店。宣统二年(1910年)，当店在广州已然绝迹，按店也仅存三家，而押店则蓬勃发展。民国时广州已无当店，而押店则逐步增加①。侨批业主要是为华侨、侨眷提供汇兑业务。经营生烟丝出口的朱广兰熟烟庄在1860年开始兼营侨批，属于较早经营侨批的商号。民国时期侨批业最为兴盛②。

一、功能类型

民国画报中出现"致生小押"的建筑形象，这是目前所见唯一的广州小押的图像资料。小押始于光绪二十一年(1895年)，初创时以六个月为当期，为传统典当业中最晚产生的一个类型。其典当物品要求价值高，税额也是典当业中最高的，因其利润巨大，故有"雷公轰"的绰号。小押只限于番禺、南海两县，其开设受到严格限制，民国时期也仅有51家③。文献表明"致生小押"(图3-15)，位于惠爱九约。画面反映的仅有入口处的图

① 区季鸾.广东之典当业[M].国立中山大学经济调查处，1934：1-3.
② 龚伯洪.商都广州[M].广州：广东省地图出版社，1999：125-126.
③ 区季鸾.广东之典当业[M].国立中山大学经济调查处，1934：3.

像，似为硬山结构。在前檐加双坡雨棚，前檐左右山墙突出，一侧墙内有墙招，上书"致生押"字号。入口墙面挂有对联，"致得丰盈物，生来大有财"。画面中还可见内室正面有大屏风，也是在上面书写字号。但完整的建筑形象与室内布置已难以判断。

图 3-15　民国惠爱九约"致生小押"（中山大学图书馆藏《时事画报》《赏奇画报》合订本）

因为当店满当需要三年，大押满当为期一年到三年，小押则三个月到一年，典税利率由当至小押依次增加。相对来说，大押的当期、利率、典当物品范围、税额都较为适中，比较受市民欢迎，也是唯一有建筑存留的传统金融类型，当大押盛时市内有四百余间。现存的广州大押建筑计有十余间，主要分为两类：一类处于城市街市内；另一类处于乡村墟场。市内有光复中路 233# 后右侧、光复中路 187#—189#（同德）、文昌南路敦义里 122# 后座、梯云东路 105#（迪吉）、梯云东路 124#（利民）、多宝街宝庆新中约 41#（宝德）、龙津西路 83#（昌兴）、中山四路 1#（东平）、西门石岗街（宝生）等。城外主要有从化市鳌头墟"鳌头大押"、从化市太平墟"泰成大押"、白云区均禾墟"平和大押"、花都区赤坭镇赤坭村"赤坭大押"、花都区二龙墟"二龙大押"等。城外的大押建造年代较早，传统建筑形式、做法保留得较为完整。而市内存留大押基本建于民国时期，受到城市近代化影响较大。虽然与城外大押相比，市内大押在功能布局上变化并不大，但立面造型上西化较为明显。

二、建筑特色

(一)墟场大押

农村墟场在逐步发展的过程中,衍生出对金融业务的功能需求,押应运而生。在广州市周边现存墟场中,不少有大押的存在,如均禾墟、鳌头墟、二龙墟等。这些大押建筑与墟场一起,成为共生共荣的整体。

"泰成大押"位于从化太平镇广从公路旁,是太平场墟市北水南头村商人骆梅坪于清嘉庆年间(1796—1820年)所建。由于太平场墟场位置特殊,是从化、花县、番禺、增城一带的物资集散地,"泰成大押"也自然成为近邻四乡规模最大的一家押店。"泰成大押"坐东向西,由前座、中堂、储物楼三部分组成,形成一处中轴对称的三进两院的典型布局(图3-16~图3-18)。建筑面宽15米,进深36余米。太平场墟早已被拆除,目前大押东面、北面均为太平镇政府院落,东南为新建住宅区。仅临广从公路部分临街修建了小型绿化广场,旧有墟市布局、风貌已经难以判断。

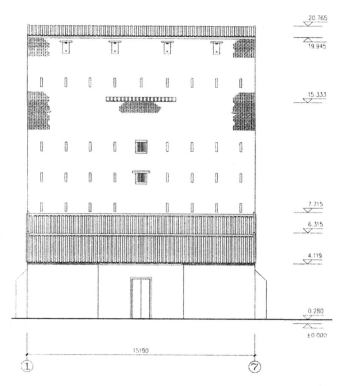

图3-16 从化太平场"泰成大押"平面(来源:广州大学岭南建筑研究所)

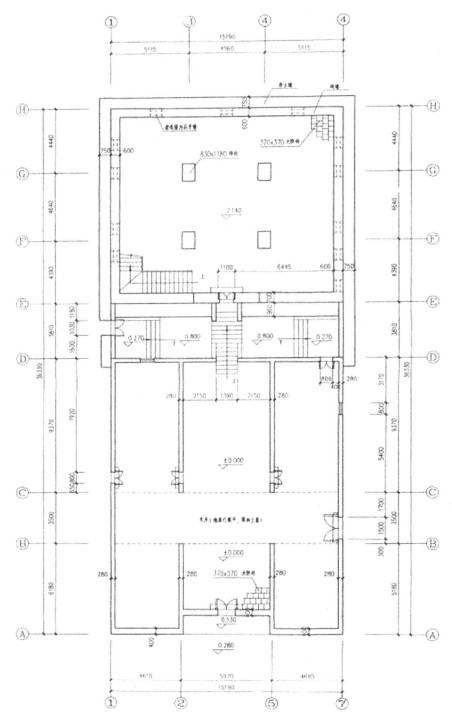

图 3-17   从化太平场"泰成大押"立面(来源：广州大学岭南建筑研究所)

图 3-18　"泰成大押"

大押入口为凹斗门形式，前座进深 6 米多，是典当铺面位置。典赎柜台迎面设置，一般来说柜台做到一人高。在心理上对前来典当的人产生压力，使其不敢开出高价。柜台侧面开门通往次间，重要客户可由此入内室详谈。再进为前院，侧面院墙开门，为员工通道。中堂作为通往储物楼的过道，两次间分别用于居住、办公。由中堂可至后部当楼，之间有 3.8 米进深的后院。大押需要日夜轮值守护，后院靠墙有石凳，内部摆设盆栽植物等，为工作人员提供休闲的场所。

仓储楼平面楼底外墙轮廓尺寸为 15.19 米×13.47 米，外观七层高 18 米，平面呈方形。仓储部分是大押最重要的功能用房，建造最为坚固。但从墙体砌筑方式来看，储物楼部分墙体采用一顺一丁的砌法，而其他部分则通用九顺一丁。一顺一丁更消耗砖材、灰砂，但是墙体也更为坚固。储物楼基座部分外墙还包裹有一圈高 4 米的毛石护壁，护壁厚度 750 毫米，加上内墙 600 毫米，整体墙身达到了 1350 毫米的厚度。

仓储楼正门门框由宽、厚均 30 毫米、长 1500 毫米的花岗石条叠砌而成。门侧对称内埋铁管套筒，并以铁条加固，可能为了设置门闩。大门为厚度 6 毫米的对开铁门，门以角铁焊接加固，连门轴都是铸铁材料。楼内分为三层，空间高敞、干爽。主楼建筑内立四条粗大砖柱，是承托楼面和屋顶的立柱，砖柱宽 1.20 米，厚 0.90 米，四大砖柱上承大木梁架，共 41 架，上铺白底素瓦。

白云区石马村均禾墟"平和大押"建于 1928 年左右，为石马村人袁梓文斥资三万两白银建造。均禾墟建设于 1915 年下半年，面积达 4 万多平方米。"平和大押"的布局方式与"泰成大押"类似，都是前铺后仓的形式。但"平和大押"建筑规模更大、占地更广，内部功能设计更为细致(图 3-19、图 3-20)。

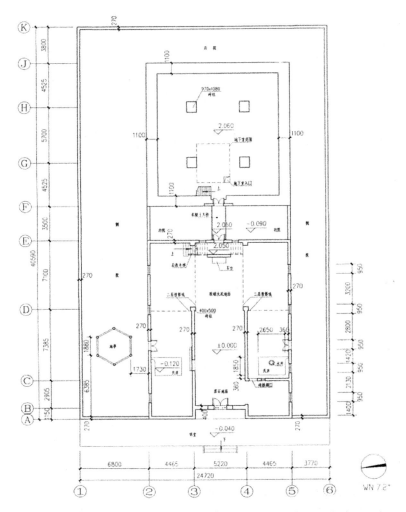

图 3-19　白云区石马村"平和大押"平面图(来源：广州大学岭南建筑研究所)

"平和大押"坐东面西，面阔 24.72 米，进深 40.59 米，占地达 1000 余平方米。铺面部分面阔 13.5 米，进深三间为 16 米。在功能布置上最为特别的有几处，功能更为紧凑，如内进左右对称的楼阁，上层为经理与账房的办公场所，下层为会客用。仓储楼设有深度达 3 米多的地窖，用来单独存放贵重物品。设计上也更加人性化，如西侧设有内院，内部有花亭、凉亭。较之"泰成大押"的后院，"平和大押"无论在规模，还是设计上都更为完善。作为大押，保护典当物品安全是最为重要的，"平和大押"铺面大门最外为竖向四根活动木栅，中间为趟栊，内部为坤甸木制作的对开门，层层严密防护。大押内水井多，可有效防止火灾或盗贼火攻。仓储楼四个角位更有外飘的圆柱形瞭望台。顶楼原为平顶，后加建四坡瓦顶，为晾晒物品提供了场所。

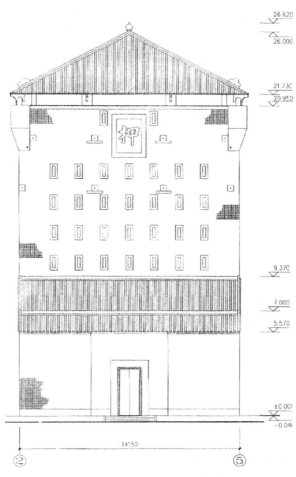

图 3-20 白云区石马村"平和大押"立面图(来源：广州大学岭南建筑研究所)

墟场大押的功能布局形式类似，都是采用前铺后仓、多进院落的形式。功能布局上，从前往后依次为门市、经理账房会客、办公、保安居住、仓库。布局中特别注重人流、客流的区分，铺面与内部办公实现无交叉。设计中考虑人性化因素，在内进院落或单辟内院设置一定的休闲场所。仓储功能是大押建筑最为特殊的部分，在设计中考虑的主要是防盗、防潮。仓储楼墙体砌筑坚固，底层墙体厚度在 1 米左右。仓储楼普遍楼高十几米，内部高敞、干爽，有利于在岭南湿热气候下使当物保存完好。

（二）市内大押

市内现存大押建筑基本建于民国时期，虽然功能布局上保留了传统大押的一些做法，但建筑设计基本上是以西式楼房为主（表3-1）。

表3-1　　　广州市内大押现状（参照广州市第四次文物普查相关资料制作）

大押名称	现今位置	建筑时代、结构
光复中大押仓库	光复中路233号后右侧	民国，砖木结构，楼高5层，总高约17米。每层面积约100平方米，仓储楼及其内部结构保存完好
同德大押	光复中路187~189号	清末民初，建筑采用前铺后仓形式。面宽8.8米，进深24.5米，其中前铺进深16米，后仓进深8.5米，后仓高5层，总高约17米，首层3.6米
大押	文昌南路敦义里122号后座	民国，为两栋楼房比邻，砖木结构，共三层。
迪吉大押	梯云东路105号	民国，有主楼和库房，坐南向北。全屋青砖砌成，正面一楼与二楼之间有"迪吉大押"字样。三楼顶有斗拱，仓储楼窗口用花岗岩砌筑小窗
利民大押	梯云东路124号	民国，坐北向南，高三层。有仓储楼
宝德大押	多宝街宝庆新中约41号	民国，靠近宝庆市部分为铺面房，自西向东依次排列铺面，前侧经理账房办公、保安居住，南后侧为仓储楼，仓储楼高7层，约20米。墙厚40厘米，墙中夹着铁板，1~6层为砖木结构
昌兴大押	龙津西路83号	民国，共三层，总面积约250平方米。首层大约有120平方米为商铺，二、三楼目前空置。正立面有骑楼、立柱、圆拱门，装饰线条有明显的西洋特色，依稀可辨"昌兴大押"字样

第三节　茶糖制造业

一、茶业

（一）茶业历史发展状况

广州是海上丝绸之路的起点，而这条海上通商之路也被称为"瓷茶之路"。1517年，葡萄牙航海家将茶叶带入欧洲。明神宗万历三十五年（1607年），英属东印度公司开始从澳门、岭南、厦门收购茶叶，经爪哇输往欧洲试销。1669年，英国东印度公司从印尼万丹输中国茶叶143磅入英，为中国茶叶首次输入欧洲。根据图3-21可以看出，茶叶在英国出口商品总值中所占的比例是压倒性的。经过20多年的平缓期后，在1785—1789年的时间段突然成倍增加。

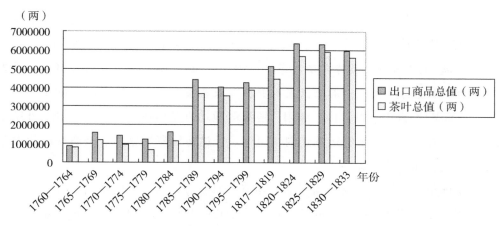

图3-21　东印度公司茶叶输出情况表（根据《中国茶史》绘制）

"茶者，南方之嘉木也"，茶树最早发源于昆明一带。关于茶叶种植最早的记录是东晋常璩撰写的《华阳国志》。秦攻占巴蜀后，茶叶种植传入中原，所以顾炎武说"自秦人取蜀而后，始有茗饮之事"。秦统一中国，茶叶种植和饮用也随之扩展，集中在长江中游或华中地区。随着时间推移，茶叶种植、饮用沿着长江往东扩展，尤其是西晋南渡后，南京成为南方的经济中心，产茶区也移至长江中下游及东南沿海。

广州周围的茶区早在唐代便已经从浙江长兴引进小叶茶树种植。元代广州路各县均有茶叶出产。清人张渠称，"肇庆之顶红茶，惠州之罗浮茶，化州之琉璃茶"，"人多珍之，以为不亚铜价，然不可多得"[1]，可见岭南产茶已成规模。但真正成规模地在广州开辟茶园、种植茶叶，还是明清时期在外销高额利润刺激下产生的，主要集中在珠江南岸的河南，故有"商贾舟行皆呼饮茶曰饮河南"[2]。

自清乾隆二十二年(1757年)广州"一口通商"以来，清政府明令出口的茶叶必须先运

---

[1]　（清）张渠《粤东闻见录》卷上。
[2]　（清）梁松年《梦轩笔谈》卷3。

至广州再转销外洋①。此禁令一出，海上中国茶叶贸易只余广州一处，安徽、福建等地的茶叶均集中到江西铅山县河口镇集市，由此沿信江转入锋江，再南下到大庾岭，用人力担过梅岭关，再经南雄县沿北江到达广州，经广州十三行的商人出口②。故传统茶区皖、闽、浙等省的茶商汇聚广州，通过行商和外商进行茶叶交易。茶叶运到广州后，还要对其口味进行改造以适应西方人的口味，最出名的是用茉莉花或橙花熏制的花薰茶，又叫珠兰茶③。

此时仅仅依赖传统茶区的供给已经无法满足出口需求，广州本地和附近的茶区也开始活跃起来。唐代诗人曹松曾寓居于西樵山，教民种茶制茶，故其山又名"茶山"，此时更是继续发展"间有隙地，类皆辟治种茶"。"珠江之南有三十三村，谓之河南，粤志所谓河南之洲，状若方壶是也。其土沃而人勤，多业艺茶"（《南越笔记》）。除了广州，附近端州（今肇庆）鼎湖山、罗浮山、潮阳、曹溪等地均有茶出产。但是大部分的外销茶还是从传统茶区皖、闽、浙等省运输走内河至粤。长途运输费用繁重。茶商在广州设茶行以存储、转运、加工茶叶等。

后期中国茶叶贸易的缩减影响到生产环节，加上清朝末期风雨飘摇的社会背景，原本就不属于主要产茶区的广州河南茶区也最终消亡。其后河南地区转为种植水稻、甘蔗或水果等农作物，与制茶相关的各类建筑也随着茶叶贸易的衰败而消失了。

英国维多利亚与阿尔伯特博物院（以下简称"维院"）馆藏的一套12幅的《制茶》（图3-22），其中4幅在1808年被英国皇室版画家Edward Orme制成版画，所以成画时间必然在1808年以前。后期有很多以此为范本的临摹作品，除了少数达到23幅以外，每套一般是10~12幅，内容和构图几乎一样。④从绘画技法上来看，维院馆藏的《制茶》图面不大讲究物体比例，使用中国绘画传统的散点透视法，对作为背景的建筑物细节描绘得较粗糙。

清末广州茶园和外销画兴盛都是在80多年"一口通商"的特殊背景下衍生的，画师在绘制茶业类外销画时，极有可能以现实中广州河南地区的茶园、茶行等作为创作基础。故在茶业类商业建筑缺乏实物的情况下，此类的外销画就成了极为可贵的图像资料。

① 茶叶外销有三条海道，一从江南通日本；二从闽粤通南洋，经马来半岛、印度半岛通地中海；三从广东过太平洋通美洲。参见：郭孟良.中国茶史[M].太原：山西古籍出版社，2003：240.
② 丘传英，等.广州近代经济史[M].广州：广东人民出版社，1998：22-23.
③ 陈坚红.广州古代对外贸易的主要商品——丝绸、陶瓷和茶叶[M]//论广州与海上丝绸之路.广州：中山大学出版社，1993：106.
④ 周湘.从茶园到茶行[M]//18—19世纪羊城风物.上海：上海古籍出版社，2003：24-27.

图 3-22 《制茶》(英国维多利亚与阿尔伯特博物院馆藏)

（二）茶业建筑特色

对应茶叶的生产、销售、消费等各个环节产生了不同的商业建筑类型：茶园、茶庄、茶行、茶坊、茶居、茶楼等。其中茶园、茶庄对应的是生产环节，也是外销画中描绘最多的场景；茶行则负责存储、转运成品茶叶。创作于 18 世纪 90 年代，现藏于皮博迪·艾塞克斯博物馆中，由中国画家创作的"茶叶贸易图"生动地描绘了整个流程。图画遵循了传统绘画时空交错的特性，在画幅中组织了茶田耕作、晾晒、拣茶、炒茶、踩茶、打包装箱、与外商洽谈、上船运输等步骤，生动地记述了茶叶贸易的全过程（图 3-23）。①

种茶——茶田、茶市。

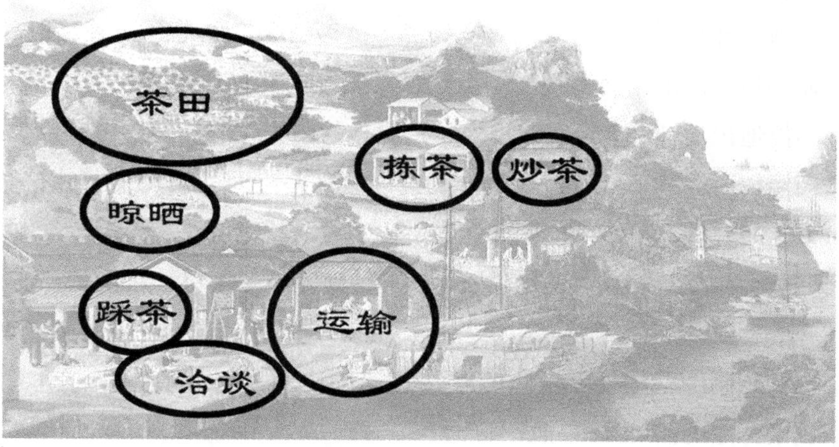

图 3-23　中国的茶叶贸易（1790—1800 年）（据《珠江风貌》相关图画绘制）

广州附近的茶田主要有两处，一处在河南瑶头，另一处在西樵山。"珠江南岸三十三村多艺茶，名：河南茶。"②河南"茶田多在瑶溪"（《瑶溪二十四景诗》)③。瑶溪即今河南瑶头，茶田集中在瑶头以南的大片地方。"茶田春晓"是瑶溪二十四景之一，"三十二村村一峰，峰峰削出青芙蓉。歌声唱出浇茶女，幽涧杜鹃相映红。"④西樵山茶区，"西樵

---

① 香港艺术馆. 珠江风貌：澳门、广州及香港[M]. 香港市政局，2002：107.
② 同治《番禺志》卷七。
③ 黄仁恒. 番禺河南小志(点注本)[M]. 广州市海珠区人民政府编印，1990：54.
④ 陈永正(选注). 岭南历代诗选[M]. 广州：广东人民出版社，1993：372.

山，山中又多平地，可以种茶，茶田中有村十余，鸡犬鸣吠，若近若远，杜鹃、兰、杜之属，掩苒含风，花栈参差，云畦历乱，游者往往迷路。"①

清末河南除了开有茶田外，更有茶市。瑶溪二十四景中有"茶市晨曦"，"在理溪石冈西麓。侵晨则荆钗布裙、筠笼箸莒咸集于此。"（《瑶溪二十四景诗》）石岗乃瑶溪村主山，岗上有两株榕树，旧时茶农清晨至此出售"茶生"（即未加工的新鲜茶叶）。1970年左右石岗处开辟马路，茶市遂湮没②。维院馆藏《制茶》图中，茶田、茶园都是典型的郊野村庄形象。

制茶——茶园、茶叶作坊。

制茶有四种方法，分为白毫、红边、青茶、堆茶。无论哪种制茶方法，采摘茶叶后都需要在阳光下晾晒③。"盖茶性最畏潮湿，必须烘炕依时，倘司事过时不及烘炕，则茶之色味稍逊。若潮湿之茶，相近好茶堆积，司事不即捡提隔别，则好茶即与之俱潮。茶叶散置于栈房，阔保丈余数尺不等，必须依法开取横直沟道，以放郁蒸之气。如司事迟误不行开放，则茶叶从中烧变，形色枯黑无用。"④可见茶叶的制作过程，时刻都要注意防止受潮，而偏巧岭南雨水又多、气候湿热，对茶叶的存储提出了挑战。在制茶一系列的图画中，不停地出现轩、廊、漏窗以及特别深远的前檐空间。如果没有单独加设轩廊，也会推后开间墙体，让檐下留有比较宽阔的空间。这些空间的出现使茶叶在制作、晾晒过程中，可以临时存储在半室外空间，避免淋雨水、防止潮湿。

"做青茶，雨前摘取嫩叶，用钐略熟炒后，用簸箕盛做一堆，用手力揉，去其苦水，再炒再揉。"⑤图3-22中，从画面上粗略看晒筛可以放置的地方有屋前砖砌方台、支摘窗窗台、庭院内的砖砌围栏等处。维院馆藏《制茶》图中的揉茶方式充分利用了建筑环境，使之服务于制茶工序的需要。

清中叶西方人所绘制的作品也描绘了炒茶作坊的建筑形式（图3-24）。整体构图、树木和建筑物的摆放方式、建筑的形式、画面中杀青灶台的摆放和形式、图中人物站立的位置、后部墙体密布的高窗，甚至空地上站立的两名谈话的男子的着装、茶叶筐和斗笠等，与维院馆藏《制茶》图都基本吻合。维院馆藏《制茶》中"炒茶"这张图画，应该是参考

① 《南越笔记》。
② 梁为铁.瑶溪二十四景君知否[EB/OL].广州地方志网站.
③ 光绪十三年（1887年）十月二十九日，闽海关税务司汉南申呈总税务司（附呈录查访种茶各节问答）访察茶叶情形文件，页——四~——五。
④ 光绪十三年（1887年）十月十四日，江汉关税务司裴式楷申呈总税务司，访察茶叶情形文件页一八~二〇。
⑤ 崔淦，等：《同治襄阳县志》卷三，页二八。

了清中叶的造茶作坊图而绘制的。画师根据自己的生活体验对画面内容进行了再创作。屋面均平直，屋脊采用了广东常见的龙船脊，可以看到对山墙博风细致的描绘，近处的檐口绘有滴水、封檐板，檐下挂落通花板都有不同。

图 3-24 《茶农与茶商》(引自《西洋镜———一个英国皇家建筑师笔下的大清帝国》)

深加工、销售——茶叶作坊、茶行。

维院馆藏《制茶》图中最后一张为"茶行"①，画面上 50 多名工人赤脚踩茶。据《同治襄阳县志》，"做红茶，雨前摘取茶叶，用晒垫铺晒，晒搓合成一堆，用脚揉踩，去其苦水，踩后又晒。至手捻不粘，再加布袋盛贮筑紧，需三时之久，待其发烧变色，则谓之上汗。汗后仍晒，以干为度。"②茶工在"用脚揉踩，去其苦水"制作红茶。踩茶距离制成成品红茶还有多道步骤，据此可知茶行除了进行交易，更是颇有规模的深加工作坊。清乾隆年间广州附近地方，有私人普通制茶场雇佣男女童工共约 500 人。③

---

① "在中文里'行'(háng)这个字，只表示一个商人和他的所有雇员做生意的地方(所有'行商'这个称呼)。茶叶过秤、加标记、用藤打包准备给黄埔的外国船装运，生丝和丝织品发运前的验货和过秤，都在这些行商的行号里进行。"见：[美]亨特.沈正邦，译.章文钦，校.旧中国杂记[M].广州：广东人民出版社，1992：230-233.

② 崔淦等：《同治襄阳县志》卷三，页二八。

③ 孔经纬.关于中国资本主义关系萌芽[M]//明清资本主义萌芽研究论文集(南京大学历史系明清研究室编).上海：上海人民出版社，1981：22-23。翦伯赞，邵循正，胡华.中国历史概要[M].广州：人民出版社，1956：47.

全套维院馆藏《制茶》中，"茶行"的建筑规模最大。画面中出现两处天井，据此应该最少有三进房屋。下堂为三开间，空间高敞，柱身无收分卷杀，檐下采用菱形通花挂落。偏右的位置布有八仙桌一张，置官帽椅和方凳各一。前天井处正中支撑一个三角木架，其作用是过秤茶箱的杠杆天平。开敞的中堂结合前天井、廊道共同构成了踩茶场地。"三月为头茶，可做青茶。四月底五月初为二茶，六月初为荷花，七月为秋露，均做红茶。"①农历四月至七月是制作红茶的月份，广州夏季太阳直射角度大、高温多雨，主导风向为东南风或东北风，踩茶场地恰位于前、后天井之间。前天井东西横向宽，这等于加大进风面宽，可以获得更多的风量。后天井为近似方形，接受阳光更多，可利用温度的差异加速前天井进风，使室内环境更舒适②。其实这样的建筑形式对广东人来说一点也不陌生，其格局正是一间典型的祠堂。近代租用祠堂进行商业化生产的情况也并不少见。

虽然维院馆藏《制茶》图中至茶行而止，实际上还有存储与销售的茶庄并未描绘。"中国茶户于烘烤后，必须运至某处茶庄出售。其茶庄离产茶之处窎远，运往之时又久，并无论天时之晴雨，总要赶运。及至茶商收买，又系零碎收来，积多始行送至立庄之处，归总拣择筛晾揉和烘烤，方能装箱贩运到口。"③《广州城坊志》记有"离明观，在泥城河干，地近陆贾故城。伪汉时之郊台，雄蠹其旁。道光初，茶商创建，以为贮茗公局，黄冠守之。"④离明观应该就是一处存储茶叶的茶庄，选址泥城码头，水陆交通便捷，并雇佣道士看守。根据19世纪70—80年代广州茶行的照片可以大略看出，画作多数带着对田园农作生活场景的想象（图3-25）。

二、糖业

（东汉）杨孚《异物志》中有记载，"甘蔗，远近皆有，交趾能产甘蔗，特醇好。本末无薄厚，其味至均，围数寸，长丈余，颇似竹，斩而食之，既甘；榨取汁如饴饧，名之曰糖，益复珍也。又煎而曝之，既凝如冰，破如砖，其食之入口消释，时人谓之石蜜也"，是广东地区制糖的最早记录。宋代广东已成为全国著名的五个产糖区之一[五个产糖区即福塘、四明、番禺、广汉、遂宁（见（南宋）王灼《糖霜谱》）]。相对于种植收益小

---

① 崔淦等：《同治襄阳县志》卷三，页二八。

② 陆元鼎，魏彦钧. 广东传统民居居住环境中的通风经验与理论[M]//中国传统民居营造与技术. 广州：华南理工大学出版社，2002：154.

③ 光绪十三年（1887年）十月十四日，江汉关税务司裴式楷申呈总税务司，访察茶叶情形文件，页一八~二〇。

④ 黄佛颐. 广州城坊志[M]. 广州：广东人民出版社，1994：647.

图 3-25 十九世纪七八十年代的广州茶行(引自《老广州影像馆》)

的稻谷,种植甘蔗等经济作物,番禺地区自古就有"以稻田利薄,每以花果取饶"的传统①。"糖之利甚薄,粤人开糖房者多以致富。盖番禺东莞增城糖居十之四,阳春糖居十之六,而蔗田几与禾田等矣。"②到咸丰、同治年间(1851—1874 年),番禺南糖蔗"连岗接阜,一望若芦苇然"。

甘蔗生长于年均温度 20~30℃、年降雨多于 1500 毫米的亚热带地区,最适合在坡地上种植。福建、台湾、四川、云南、广东、广西等省区皆适合甘蔗生长。明清广州地区甘蔗的种植主要在禺南三角洲,属围田区,水域辽阔、光热丰富、雨量充足、土地肥沃;又河网交错、交通便利,向来是粮、糖生产基地。"甘蔗,有茅蔗,有白蔗,有黑骨蔗。茅白二种榨汁煮为糖。金鼎村有糖房,皆以晒糖为业。慕德里属之南岗古料诸村,尤多贩糖于外省云。"③"金鼎"是今深井的古称,村中至今存有"金鼎"两字的石匾。其位于长洲镇西南,清代属番禺县茭塘司下辖彬社乡。

甘蔗种植在广州地区有着悠久的历史,是由于其气候特宜、交通河网便利等优势,

---

① 康熙《番禺县志》卷一五。
② 李调元:《南越笔记》卷十四 蔗。
③ 史澄等:同治《番禺县志》卷七,第三页。

在明代中叶甘蔗种植开始成规模。据姚贤镐推测，1849 年广东省产蔗糖在 40 万担（以每担蔗糖需要 11 担甘蔗计算），同年应产蔗 440 万担，按亩产 15 担计，应有蔗田 30 万亩；若再以"番禺、东莞、增城糖十之四"来估算，广州的蔗田应在 7.4 万亩①。以每寮所需蔗田在 80~100 亩计，则有 740~925 间糖寮。又有张心一推断，全省蔗田不止 30 万亩，应在 67.4 万亩，若以此计广州糖寮数目有 1700~2125 间②。生产季节甘蔗加工的作坊几乎处处可见，成为禺南平原独特的建筑景观③。

（一）制糖的时间性

每年农历十月④广东各地开始榨糖，来年清明就可以榨完，即所谓"冬至开榨，榨至清明而毕"。牛是榨糖的主要动力，整个制糖时间周期在 100 天左右。据明代《天工开物》记载，"蔗质遇霜即杀，其身不能久待以成白色，故速伐以取红糖也。凡取红糖，穷十日之力而为之。十日以前其浆尚未满足，十日以后恐霜气逼侵，前功尽弃。"

（二）制糖的工序

制糖主要有两个步骤，其一是榨蔗，其二是熬制，对应的建筑物是榨蔗场与煮糖房。西方人库勒普（Kulp）在 1920 年考察了汕头的乡村小糖寮，"一般都是建在村子附近的蔗田周围空地上"⑤，这些小糖寮制成的成品糖，被牛车运送到附近村镇墟市上出售或汇集转往外地。

---

① 姚贤镐 . 中国近代对外贸易资料（第三册）[M] . 三联书店，1957：1503.

② 张心一 . 中国农业概况估计 [M] . 金陵大学农业经济系，立法院主计处，统计局出版，1933.

③ 民国《番禺县志续志》："市桥附近共有榨蔗寮八十余家，每年出糖约八万担；茭塘司之小洲、土华、康乐、赤沙、西冈、北亭、沥滘、上涌、大塘、上滘、仓头、长洲、龙潭、黄埔、下渡、下滘、康乐，共有榨蔗寮七十余家，每年出糖约七万担；鹿步司之南冈、乌涌、鹿步、上元、南湾共有榨蔗寮十余家，每年出糖约一万担；慕德里司之高增、冯塘、南兴庄、马房、三岭、沙庄、兔冈、七图、三分庄、钟落潭共有榨蔗寮二十余家，每年出糖约二万担。慕德里司多制白糖，其他则制片糖或漏糖，而南冈之片糖最著。"据《全国商埠考察记》《南中国丝业调查报告书》《番禺增城东莞香山糖业调查报告书》《南村草堂笔记》，"采访册"。

④ 屈大均在《广东新语》中，有"十月下元会，天乃寒，人始释其荃葛，农再登稼，饼菜以饷牛，为寮榨蔗作糖霜"。李调元在《南越笔记》中，对广东东莞县的风俗记载："十月，下元会，天乃寒……饼菜以饷牛，为寮榨蔗作糖霜，绘为家宴图。"同治年间的番禺县："十月，下元会，天乃寒，人始释其荃葛。农再登稼，饼菜以饷牛，为寮榨蔗作糖霜。"

⑤ Sucheta Mazurnder. 1998. Sugar And Society In China [M]. Cambridge and London：Harvard University Press，p. 286. 转引自：周正庆 . 清代广东民俗岁时用糖探究 [J]. 广东社会科学，2005（5）：126-132.

（三）糖寮

欲了解糖寮建筑，必先了解其制糖的功能要求。以榨蔗场为例，先要解决的问题是糖车的安放。"凡造糖车，制用横板二片，长五尺，厚五寸，阔二尺，两头凿眼安柱，上笋出少许，下笋出板二三尺，埋筑土内，使安稳不摇。上板中凿二眼，并列巨轴两根（木用至坚重者）。轴木大七尺围方妙。两轴一长三尺，一长四尺五寸，其长者出笋安犁担。担用屈木，长一丈五尺，以便驾牛团转走。轴上凿齿分配雌雄，其合缝处须直而圆，圆而缝合。夹蔗于中，一轧而过，与棉花赶车同义。蔗过浆流，再拾其滓，向轴上鸭嘴插及入，再轧，又三轧之，其汁尽矣，其滓为薪。其下板承轴，凿眼，只深一寸五分，使轴脚不穿透，以便板上受汁也。其轴脚嵌安铁锭于中，以便捩转。"（（明）宋应星《天工开物·造糖》）

清代的文献里也有很多关于糖车的描述，以荔枝木为辊辘，显得很有地方特色。"以荔枝木为两辘，辘辘相比若磨然。长大各三四尺。辘中余一空隙。投蔗其中，驾以三牛之牯，辘旋则蔗汁洋溢，辘在盘上，汁流槽中。然后成饴。"（屈大均《广东新语》并见李调元《南越笔记》）"榨之法，以荔枝木为两辘，高三尺余。规而圆之，径阔二尺许。两辘相比若磨，然中余一空隙，投蔗其中，驾以二牛，鞭牛运行，则辘随旋转。蔗汁下注槽中，是谓糖清。然后用鸡子清、猪膏合煮炼成，贮于糖漏。"（范端昂《粤中见闻》）

榨蔗的核心为两个并列的辊辘，尺寸（按清尺1尺＝0.309米核算），高、宽大约1米，而担牛的曲木长4～5米。明代《天工开物》中，榨蔗仅有一牛（图3-26），清代一些文献中有三头牛并行的记载。

《清史稿·食货志一》："各省山居棚民，按户编册，地主并保甲结报。广东寮民，每寮给牌，互相保结……广东穷民入山搭寮，取香木舂粉、析薪烧炭为业者，谓之寮民。"寮本意是建筑物的窗户，后来引申为小屋、简陋的房舍一类意思。"榨时。上农一人一寮，中农五之，下农八之、十之"[1]。由此可见，这个寮屋建造还需要一定的经济实力。在一篇描写广东揭西县的杂文中（李广辉《古往桥上村》[2]）有对榨蔗场的描述："榨蔗场大约二百平方米，用十多根大而长的刺钩竹在四周竖起，所有竹尾在空中集结固定，形似半个地球，这些刺钩竹就是纬线。再用竹子联结每条刺钩竹成若干条经线，并盖上竹片夹稻草制成的草毡，做成大圆蓬，用于遮雨遮阳。"

除了糖寮以外，番禺"坑头、上梅坑、南村、罗边、市头、沙边、曾边，以及南亭一

① （清）屈大均：《广东新语》。并见（清）李调元《南越笔记》。
② 李广辉. 古往桥上村[EB/OL]. 潮汕特藏网。

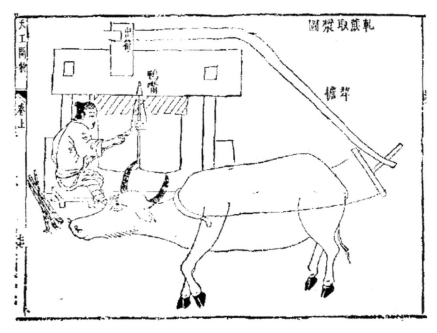

图 3-26 《轧蔗取浆图》(引自《天工开物》)

带，每年自十月至翌年正月，多于田间搭盖茅寮，制造'切菜'，东、西、北三江均有销路，亦有运销于南洋、金山埠者。又或腌制'头菜''咸菜'，运往各属售之。沙湾、赤沙、白鹤洲、坑口、大园等乡，亦多'头菜''咸菜'之业，生意均佳。赤沙之咸菜，且能操纵市价。据《南村草堂笔记》'采访册'。"(《番禺县志续志》)可见与糖寮建筑的情况很类似，规模也不小。"糖之利甚薄，粤人开糖房者多以致富。"(《南越笔记》)"春以糖本分与种蔗之农，冬而收其糖利。旧糖未消，新糖复积。开糖房者多以致富。"(《广东新语》)糖寮作为清代禺南平原的重要景观，如今已经了无痕迹。

第四章 广州传统商业建筑特色与保护

第一节 概 述

千城一面成为现代城市的通病，快速发展割裂了历史文化的脉络。广州的建筑文化一直有经世致用、多元发展的特征，明清时期传统商业建筑在城市发展过程中受到的冲击大概可以分为三个时期。

第一个时期是从 16 世纪中叶到 20 世纪中期，西方建筑文化以澳门和广州十三行为核心在岭南地区开始传播，至今留下的数量众多的十三行图像资料都可以看到西式建筑风格的影响。因为广州文化自身包容的特征，建筑呈现出多元发展的状态。19 世纪末骑楼建筑开始出现，20 世纪 20 年代真正在广州城市建设中发挥巨大影响。骑楼形式的出现是与广州特定的自然气候、人文经济密不可分的。虽然当下民众多以骑楼建筑作为广州传统商业建筑代表，但其建立在对明清传统商业建筑拆改的基础上，客观上改变了传统商业公共空间风貌。

第二个时期约为 20 世纪中晚期，恰逢现代主义建筑思潮的冲击。1932 年勷勤大学建筑工程系成立，林克明为首任系主任。早期归国留学人员还包括夏昌世、陈伯齐、龙庆忠等，他们受当时现代主义建筑思潮的影响。20 世纪 60—80 年代，莫伯治、佘俊南等开始探索建筑的地域风格[①]。1949 年前，广州的传统商业街市遍布旧城内、西关、河南等地，但 1952 年对私营商业网点进行了大规模调整，许多专业商业街市都逐渐消失。20 世纪 80 年代经济复苏，一些街市在原址复兴，但建筑功能更适应现代的生活。大多数传统商业建筑永远消失了，比如西关平原上的丝织工场，河南平原的茶行、花市等。这不只是建筑空间的变化，而是行业的消失。

第三个阶段为进入 21 世纪以来，随着全球化的进展，建筑呈现多元化的面貌。在传统商业建筑聚集的旧城区，街区内的房屋日渐破旧，由于城市生活质量的提高，大众对

---

① 何镜堂. 岭南建筑创作思想——60 年回顾与展望[J]. 建筑学报，2009，10：39-41.

于商业消费环境的要求也日渐提升，旧城街道的空间品质因缺乏更新的动力而停滞。

时间发展到近现代，破坏的速度、规模都是处于加速度的状态。广州旧城存在建筑破败、交通不畅、人口老龄化、产业亟待更新等问题。2014年底，广东省人民政府颁布了《广州历史文化名城保护规划》，其中给广州界定了九大核心价值与特色，其中"千年的商业发展和多样的街市"也赫然在列。多样化的街市是广州历史文化名城的重要核心价值之一，探索如何保护和继承传统商业建筑文化遗产是迫切需要推进的。

在现代主义建筑的意识形态下，设计师依据功能衍生的审美态度进行创作。现代主义建筑对功能和形式的极端追求，在"二战"结束后受到极大的冲击。建筑师开始反思建筑对于地方历史文脉的传承责任，建筑的深层意义，以及建筑形式构建的底层逻辑。阿尔多·罗西在其著作《城市建筑学》中，提出基于新理性主义的类型学理论，其中重要概念是"原型"。原型(Archetype)，是"人类永远重复着的经验的沉积物"[1]。分类简化认知对象是人类认知事物的重要方式，将具有类似特征的事物进行简化归类，形成一种共通的认知。例如，建筑的使用功能是一种形式的分类方法，如商业建筑、住宅建筑、宗教建筑等。建筑类型学中探讨的，是更为永久、核心的内容。

广义建筑类型学，指出："类型存在于所有建筑的人为事实之中，它同时也是一种文化的元素，因此它将存于各种建筑的人为事实的分析之中。所以广义的类型学便成为建筑的分析要素，而且在都市人为事实之中，类型学将彻底地显现。"[2]广义建筑类型学在时间轴上关注传统文化和地域特征，在空间轴上对建筑和公共领域、城市之间的关联有更多关注。

笔者对明清广州商业建筑类型的研究，在时间轴上，探讨城市商业公共空间历时性的发展，了解其演进的动力机制和形态特征；在空间轴上，以两个尺度层面进行分解。从宏观上看城市商业公共空间，基于中国城市公共空间的特殊性，公共空间偏好街道类型：一般以居住功能为主的街道，称为街巷空间；以商业功能为主的街道，称为街市空间。宏观层面的讨论集中在对街市空间的分析，包括街市空间结构和肌理。从微观层面，讨论商业建筑单体的类型特征。

第二节　动力机制

类型学中有两个比较主要的观念：共时性(synchronic)、历时性(diachronic)。类型学

---

①　Aldo Rossi. The Architecture of the City[M]. Boston：The MIT Press，1982：14.

②　John Lobell. 静谧与光明——路易斯康建筑中的精神[M]. 朱咸立，译. 台北：台北书局，2007.

提倡共时性和历时性的统一，避免了与历史割裂的现代主义和流于形式复制的复古主义的局限性。对历史建筑形式的简单模仿复制，对继承和发展城市文化是非常有害的。城市发展过程中政治、经济、文化等因素共同影响了其结构性的特征。历时性是城市独特历史内涵的来源。

一、政治

双门底是清代对北京路的称呼，这条街道周边集合了秦番禺城遗址、秦汉宫殿遗址、西汉南越国遗址、明城隍庙遗址等古遗迹，在两千多年间这条道路始终非常繁华。番禺县县衙附近发展了二牌楼大街。南海县县衙附近发展出了四牌楼大街。这些街道是广州城关内的主干商业街道，街道宽阔、牌坊林立。

二、水文

水对于城市公共空间塑造有着重要影响。明代在玉带濠、大观河两岸建设诸多茶楼酒肆，入清后濠涌淤塞，向外扩展到荔枝湾、漱珠涌、花地等。

清中叶对外丝绸贸易发展，桑基鱼塘在西关平原的低平沼泽上发展起来。机房区、十八甫迅速兴起。机房区由移民农业村落发展而来，肌理形态受到基围的影响。十八甫是濠涌水脚，是沿水设立的街市。而清末濠涌逐渐消失。城关内大部分街市都与河涌有着莫大的联系。城关外由于丝织和茶业的发展，祠堂和住宅也进入作坊区的状态（图4-1）旧城以南是因水岸淤积，所以多呈现东西向并列的街道肌理。西关和河南平原地，本来地势低洼，水道的形成更为自由，所以看起来街市形态更为有机。

河南地区正对白鹅潭一带，自明代以来就是走私贸易的地点。清代逐步发展，沿江一带仓库林立、庄口密布，缓解了城西土地紧张的问题。富商巨贾为了逃避城内的喧嚣，纷纷在鳌洲一带营建宅园，沿漱珠涌两岸茶楼、酒肆随之兴起。城内绿化、水体被侵占的情况很突出。城市用地紧张，侵占水道的情况时有发生。以西濠为例，《南海县志》称其"广十丈有奇"，1964年修马路改暗渠时，濠宽仅余3~5米。[1]（图4-2）

三、外贸

明初洪武年间，广州设市舶司官署以及市舶公馆。市舶司官署在镇南门外，官署内除了办公用房外，还提供给外商出售商品的场所。市舶司官署附近有着名的海山楼，楼南临珠江，视野开阔。市舶公馆是由古药洲奉真观改建。永乐年间，在城外西南角十八

---

① 曾昭璇. 广州历史地理[M]. 广州：广东人民出版社，1991：177.

甫兴建怀远驿。

图 4-1　茶叶装船(引自《西洋镜》)

图 4-2　清末打铜街(引自《屐声帆影》)

　　清初平藩之后，康熙年间正式开放四海关口通商，乾隆年改"一口通商"。广州粤海关各关口、十三夷馆、黄埔锚地等跟着兴起。粤海关关口大约分两种：一类正税口，普遍采用多重合院的形式，讲究秩序、对称、庄重感；而稽查口、挂号口则多数临水而建，一般是干栏式，多数建有月台、小码头，便于商船停泊检验（图4-3）。十三夷馆区（图4-4）内包括了夷馆、行商公所、行栈、商品街市等。黄埔锚地（图4-5）是外洋海船停泊的地点，包括了税馆、仓储篷帐、商业街市、船坞等，黄埔直街、新洲墟、安来市等地还有一些商铺遗存。对外贸易的活动刺激了特定地区的发展，这与广州其他商业类型在物理空间上是分离的。

图4-3　粤海关（摄于南汉二陵博物馆）

四、人口

　　清代政局稳定后，城市人口迅速增长。据乾隆五十七年（1792年）的记载，"住在此地的欧洲人，估计这个城市的人口有一百万人左右"[①]。18世纪，意大利传教士马国贤

---

① 　[美]史景迁（J. D. Spence）. 胡若望的疑问[M]. 台北：唐山出版社，1996：5.

(Marreo Rifa)称，广州的城市规模约两倍于伦敦，且"通衢大街上，整天挤满了人"，马国贤推测广州人口有160万，包括水上居民①。清代广州市的人口密度从20人/平方千米上升到200人/平方千米②。

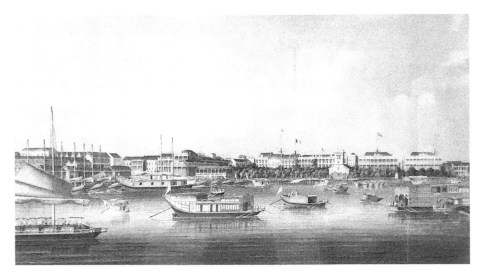

图4-4　十三夷馆(摄于广东省博物馆)

图4-5　黄埔锚地(摄于广东省博物馆)

---

① 马国贤.清廷十三年——马国贤在华回忆录[M].上海：上海古籍出版社，2004：31-32.
② 广州市统计局，等.广州人口志[M].广州：广东人民出版社，1995：166.

16 世纪，马若瑟神父记载："街道狭窄，铺着大块平整坚硬的石板，但此类街道并非到处都有。房屋很低矮，几乎都开了店铺。"①广州的地理环境背靠越秀山、南临珠江，南北均无发展余地。出东门、北门又多为坟场②，故而也不适合辟为住区。城市往西多为低浅池塘。城池能扩展的范围有限。清初茶居所采用的建筑形式多为店铺、合院式住宅相组合，不起楼、较简陋。19 世纪兴起的竹筒屋也称直头屋、竹竿厝，开间、进深比例为1：4～1：8，体形狭长、以天井联系前后用房。人口的增加改变了建筑形式，开始向纵深和高度两个空间方向发展。建筑占地形态的变化促成了空间肌理的演进，楼高的增加对街市空间尺度产生影响。

第三节　街市空间

R. 克里尔兄弟在《城市空间》中提出了建立在类型学和形态学之上的城市空间的类型，"包括城市广场、城市街道以及界定公共空间的建筑立面类型以及剖面类型"③，并将建筑形态要素分为公共性、个人性。公共性在城市空间结构中占有主导的地位，如广州旧城中的官署、寺庙、祠堂等，相对来说是体量更大的城市空间类型。个人性在城市空间结构中表现为基底的状态，包括了住宅、商铺、作坊等。不同于西方国家对广场空间的偏好，中国传统城市空间中街道是绝对的主角。

在康熙四年(1665 年)，由法国人所绘制的广州城市地图(图 4-6)中，这种结构性的特征清晰可辨。个人性的建筑形态被简化为行列式的肌理，地图的绘制者对平民的生活空间漠不关心，更关注的是公共性空间。于是城墙、城门、官署、寺庙、牌坊等公共性建筑形态要素从基底中凸显出来，表达了广州旧城内公共空间的结构层级特征(图 4-6)。这种状态的地图也可能是基于早期西方人不能在城内自由活动，了解到的信息较为有限。光绪六年(1880 年)，西方人绘制的广州城府院衙门军营分布地图中，官署衙门、监狱、寺庙、医院、教堂等都被具体地标识出来。旧城内的公共空间有了更为整体的概念。广州是一个延续千年发展的城市，放眼全球只有罗马和亚历山大可以媲美。在历朝历代的发展过程中，政治管理机构的建筑基本都在旧城内。明清时期，旧城内中还包括不少书院和宗祠，旧城内的空间非常拥挤、局促。该地段的商业城市空间有极强的政治意味和

① 金国平. 西力东渐：中葡早期接触追昔[M]. 澳门：澳门基金会，2000：273.
② 东门外走马山、东门外四马岗、东山、塘尾、北门外均为一众官员购置的土地，作为"义冢"。大、小北门外的荒山是官府提供的公共墓地，名"漏泽园"。参见《羊城古钞》第 284-285 页。
③ 张冀. 克里尔兄弟城市形态理论及其设计实践研究[D]. 广州：华南理工大学，2002：40.

宣讲教化的特征。

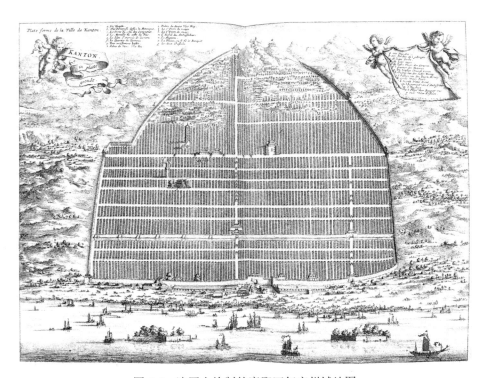

图 4-6　法国人绘制的康熙四年广州城地图

首要的就是政治性。以南北向双门底大街(图 4-7)为中轴,左右分别有两条南北向大街——四牌楼、二牌楼,以及为了贯穿这三者存在的东西向大街,惠爱大街。广州府在双门底北端,南海县治在四牌楼,番禺县治在二牌楼。旧城内最核心、繁荣的商业街是和府衙处于同一物理空间的。旧城内也存在大量狭长的、在建筑形态要素中更偏个人性的商铺街市。

旧城内商业街道空间有强烈的秩序感,因历朝历代旧城都是官署府衙的所在地,这些大街都是官方主导,以体现等级、秩序感为目的的街道。整体有清晰的中轴关系,重心在广州府治延伸出的双门底大街。几乎每条大街都是城门加牌坊,层层森严,以城市物理空间秩序感展现了统治者的威严(图 4-8)。

另外,这些空间也是宣讲教化的场所。这几条街道相对都比较宽阔。1722 年法国传教士杨嘉禄在信中写道,(广州)“街道长、直、窄,只有几条较宽;在较宽的街道上隔一段距离便可以看到一座相当漂亮的‘凯旋门’。房屋皆是平房,几乎全是土屋,夹杂着一些砖块,屋顶盖的是瓦片。街上全是店铺,店内十分干净。”杨嘉禄神父所称“凯旋门”

图 4-7　从拱北楼看双门底下街(引自《老广州影像馆》)

图 4-8　清末四牌楼(引自《老广州影像馆》)

者，当指石牌坊无疑，隔 20~30 米即有一座。大部分街道都是狭长的，只有几条较宽的街道。狭长的街巷无疑是对城市中个人性建筑形态的描述。宽阔的街道也就指旧城内的这四条主要的商业街道①。明清后牌坊旌表的建设，商业街道空间的宣讲教化的政治意味被凸显。

双门底上下街作为官署前的大街，政治地位是城内最高，从 19 世纪 70 年代留下来的照片中可以看到，各种店招密密麻麻地占据行人视线，街道通行宽度为 4~6 米，店铺普遍 2~3 层，街道的高宽比约在 1:1。

明代嘉靖年的四牌楼是指横亘于惠爱直街上的惠爱坊、忠贤坊、孝友坊、贞烈坊，这是四座木质的牌坊。清代由于临近的忠贤坊还存有四座牌坊，所以街道名称后期就变成了四牌楼。清朝同治四年（1865 年），把仓边路的盛世直臣坊移到忠贤坊，至此四牌楼上有五座牌坊。仅存下来的是 1999 年重修的，坐落于中山大学的乙丑进士坊。该牌坊面宽约 10 米，高度约 10 米；从近代修马路时期的照片可以判断其沿街建筑立面的高度，建筑大概两层至三层，高度也在 10 米上下。道路高宽比大致在 1:1。

清代处决犯人的场所就包括了双门底、四牌楼，以及永清门滨江的珠光里法场地。相对重要的犯人的处决都会安排在双门底和四牌楼地段（图 4-9）。

在官府衙门等公共建筑的门口，一般还留有相当规模的空地，如惠爱直街巡抚衙门，根据推测可能有 4500 平方米左右。这些大小不等的空地在街道上形成了有节律变化的广场空间体验（图 4-10）。②

巍峨的城门、宽阔的商业街道和数量众多的牌坊，为这些商业主街带来了秩序感，从城市公共空间的层面表达了统治者的力量。处决犯人的场景，更加深了不可动摇的统治感。双门底、惠爱大街是呈丁字交叉的典型迎官道，是政治核心聚集而成的消费力、消费群体所支撑的，表现在售卖苏书、苏杭什货等店肆的集中。二牌楼作为城内的肉菜市场，是周边物产、东濠的贸易特点决定的。其中双门底、惠爱大街属于建设时间持续最长、商业空间形态最为稳定的。而四牌楼、二牌楼则多受到周边水文、地理、物产的影响，在明清各时间段内呈现不同的面貌。

四牌楼接城南玉带濠一带是城内贸易量最大的地方，是濠涌交通以及城西商贸吸引力共同作用的产物，也有很大成分的历史因素（如蕃坊、满城、怀远驿等）。玉带濠和西濠开发时间比较长，后有大观河、柳波涌等，河道中"刍粮舟楫，东西转输"（钟启韶《读书楼诗钞》），河涌两岸多为茶楼、酒肆。因近代河涌淤积和道路建设，沿河涌的街市已不可见。

① 杜赫德. 耶稣会士中国书简集——中国回忆录Ⅱ[M]. 郑州：大象出版社，2001：272.
② 周祥. 广州城市公共空间形态及其演进研究 1759—1949[D]. 广州：华南理工大学：74.

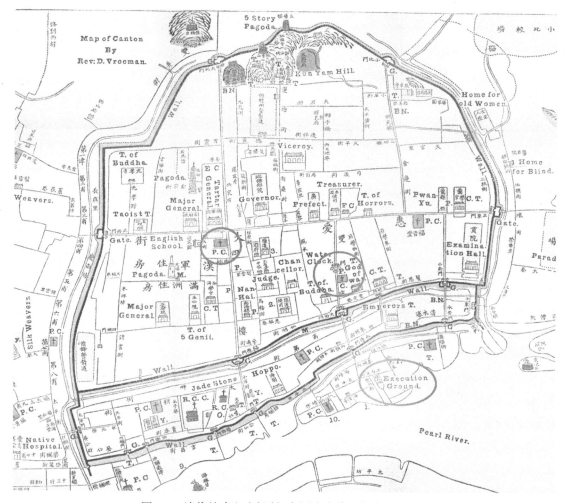

图4-9　清代处决犯人场所（底图为光绪六年广州城图）

　　除了这些体量较大、具有政治意味的大型街市外，还存在不少体量小一些的市场。大市街、小市街、归德门市、清风桥市、大南门市、西门市、大北门市、莲塘街市、正东门市、小东门市、仓边街市等①，这些记录在清代《广州城坊志》中的市场名称，可以看出多集结于城门、桥梁等交通节点的特征。但是大多数的街市宽度依然非常有限。1931 年《广州市政总述评》中有这样的文字，"旧有内街，湫隘狭窄……而六七呎者，占最多数"②，横向参考目前可见的街道照片，基本可以判定绝大多数的街道宽度大概 2

　　①　（清）黄佛颐. 广州城坊志[M]. 广州：广东人民出版社，1994：38.
　　②　方规. 广州市政总述评[J]. 新广州，1931(2)：10.

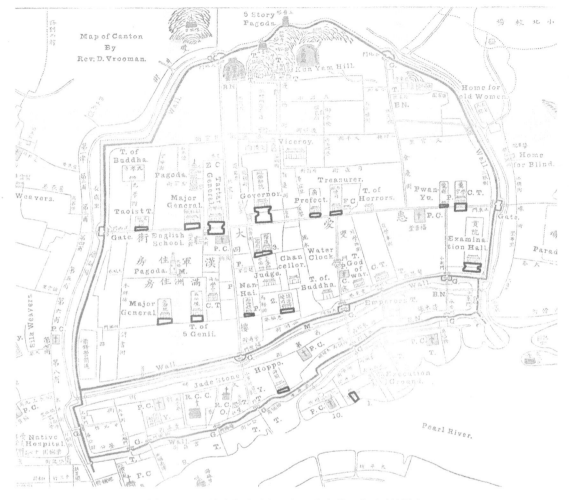

图 4-10 旧城内的小广场(底图为光绪六年广州城图)

米。以清代的画报插图来看，其沿街建筑一般为一层，目测层高约 4 米。所以其街道的高宽比大概在 2：1。考虑街道商业气氛的不同，建筑立面商业广告信息的处理手法是不同的。招牌广告的展示面与街道通行方向大多垂直，可能是考虑了通行人视线的因素。后期除了商品陈列外，也出现在首层立面上做玻璃橱窗的做法，如十八甫中约的《时事画报》报馆、安安公司(图 4-11、图 4-12)。旧城内商业的存在类型也是偏文人服务类型。受到儒家礼制影响较大的大型街市，包括融合了政治、经济双重因素，街道整饬、宽阔，空间景观节点的设计、建造非常考究。

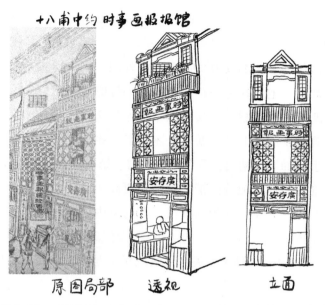

图 4-11　十八甫中约《时事画报》报馆（根据中山大学图书馆藏《时事画报》《赏奇画报》合订本整理）

图 4-12　十八甫中约安安公司（根据中山大学图书馆藏《时事画报》《赏奇画报》合订本整理）

　　旧城外与商业发展关联度最高的，主要包括了城南滨江地带、西关平原和河南平原。明代和清代早期的历史地图上对西关的描述是潦草的，从历史地理的情况来看，西关平原水域面积辽阔，即便后期日渐淤积，也是一派水乡泽国的风貌。

西关平原东侧是连接城内的西濠，南北分别有上下西关涌渗透其间，早期的发展也是依赖西濠的交通。18世纪以后西关丝织业兴起，包括第六甫、第七甫、第八甫及上九甫、长寿里、茶仔园等地区，都成为"机房区"的丝织工场。1860—1910年，丝织业的兴盛造就了不少商业新贵。他们在宝华路、逢源街一带辟地建屋，也就是西关人口中所称的"大住家"，即当时的高级住区。直接刺激了住区周边消费、休闲场所的发展。至今在宝庆市、逢源市、逢源中约、上下陈塘等地还存留一些传统形式的商铺建筑。上下陈塘的商铺规模稍小，但立面装饰精美，彩色玻璃花窗、繁复的线脚无不透露出往日的辉煌。宝庆市、逢源市、逢源中约等地的商铺建筑体量更高大、室内高敞。尤其是逢源市、逢源中约的几处商铺，不仅立面大面积的开窗，有的室内做到三四层通高，较好地解决了竹筒屋进深过大和室内采光、通风不好的矛盾。"大住家"其实是对传统逼仄的小尺度街巷的改良（图4-13、图4-14）。这片西关大屋区域属于西关平原的核心位置。其南部不远正是英法租界——沙面。沙面和西关"大住家"（西关大屋）的建设在时间线上是几乎重叠的；从街区肌理来看，两者也呈现出肌理的相似性。

明清广州市内的大部分商业街巷都是比较狭窄的，街巷的高宽比以历史图像资料来看，多数为2∶1~3∶1（图4-15）。这些密密麻麻的街巷，以行业的特征聚集，分布在广州的各个角落。有一些过去是比较宽阔的街道，因夹水而居，日久天长不断侵占水面，最终导致街道重归狭窄的情况。

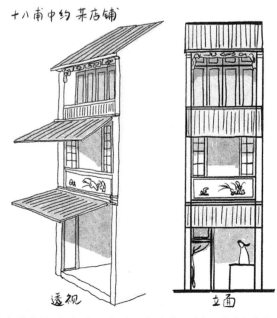

图4-13 十八甫中约某铺（根据中山大学图书馆藏《时事画报》《赏奇画报》合订本整理）

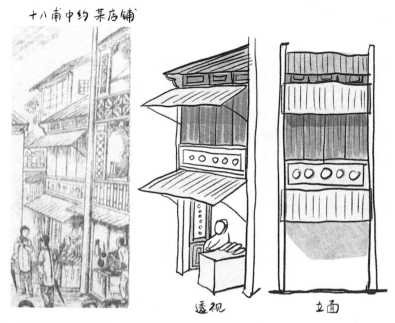

图 4-14　十八甫中约某商铺(根据中山大学图书馆藏《时事画报》《赏奇画报》合订本整理)

图 4-15　19 世纪西关商业街道

　　河南的发展和对外贸易息息相关，行商、宅院、宗祠多在沿着与十三行和沙面对应的珠江南岸建设，沿着漱珠涌形成了一条茶楼、酒肆遍布的水上街市。禺南平原是广州周边经济作物生产的重要基地，大片的经济作物种植田地，点缀着数以千计的茅草棚屋的建筑景观如今已经很难寻觅。河南腹地经济作物的种植、加工，带动了禺南平原的开发。城外黄埔洲、长洲岛也由于外贸而迅速发展起来。在河涌和丘陵间，这种自由有机的肌理状态是存在过的。但因广州历史上的发展延续至今，过去的村落现在也融入城市的结构中，难觅踪迹了。河南大部分区域还是农业村落，因后期对外贸易的发展，瓷器、茶叶等相关生产作坊逐渐兴起。但是由于时代变迁，这类生产作坊已很难寻觅。推测其商业建筑形象与制茶业、制瓷业等外销画反映出的建筑形象有一定的相似性。茶、瓷器、丝绸是出口贸易中最大宗的货品，从制茶系列图像资料中看，其生产过程中涉及的加工作坊主要采用自由合院式（图4-16、图4-17）。整体布局比较自由、松散，与常见的广府地区村落布局有很大区别。在建筑组合上，特别注意与水体、宽敞院落、半室外空间的组合，这一点与生产加工的需要相适应。在进入深加工、销售环节后，出现了比较有趣的现象。这些图像（前文图3-22）中的茶行建筑有可能是租用村落内的祠庙，这一点也侧面反映出清代宗族势力与工商行业的纠葛关系。

图 4-16　煮茧缫丝（引自《西洋镜》）

图 4-17　染丝(引自《西洋镜》)

广州内城的商业公共空间系统从整体结构上看，并不是规整的网格，南北向的主街多数和六脉渠有重叠。不同于西方城市以喷泉、广场为中心的结构，六脉渠的介入让城市公共空间呈现更匀质、扁平、线性的结构。内城基本是以南北向主街为框架，东西方向街道除了府治前横亘的惠爱大街外，基本都是支路。城墙外珠江北岸，因水陆变迁，形成多重平行、东西向的结构。西关地区早期街市以西濠、上下西关涌为干线展开。上下西关涌中间是建设较晚的西关大屋，形态完整、方正。沿西濠、上下九、大观河、柳波涌等水道所兴起的街市空间，形态上更为有机、自然。

河南早期是农业开发为主，清末在西关对岸逐渐形成繁华市廛。街市空间系统和水体的形态有极大的关联，旧城里的街市多为南北向，而西关和城南的街市多为东西向。具体而言，背后推手就是白云山水和珠江水，前者自北向南，后者由西北向东南，共同在这片土地上勾画出街市结构框架。当然自然条件属于城市空间结构形成的重要一环，尤其是当自然条件在时间发展过程中具有变化时，城市空间结构随之变化的特点，凸显了自然因素在广州城市空间结构发展中的核心作用。当然自然条件并非全部，需要考量生活生产方式、社会心理、文化审美等方面的影响。

明清广州城市的街市空间类型，依据其形态特征分为政治性主街市、临濠夹水街市、滨江街市、城门市以及小街市构成。政治性街市以双门底、四牌楼、惠爱直街等为代表，街道宽阔，牌坊和官署林立，空间层次丰富，街道上多有宣讲教化的载体。街道的界面是变化的，在牌坊和重要建筑位置都有放大。如双门底道路宽度在 8 米左右，考虑到拱北楼 30 多米的面宽，局部的空间是有变化的。临濠夹水的街市中，偏重饮宴消费和生产批发的街道空间也略有不同。滨江的街市和临水的情况比较接近，由于侵占水面的情况长期存在，所以建筑的进深一般比较大。

第四节　商 业 建 筑

一、单体建筑

明清时期广州之所以能呈现出统一、融洽的城市面貌，很重要的原因是单体建筑建造逻辑的统一。传统建筑单体本身的特征是被弱化的。

2006 年广州萝岗隔田山遗址发现了一些春秋战国时期的灰坑、柱洞、文化层等。根据柱洞推测为干栏式建筑(图 4-18、图 4-19)，由此可见干栏式建筑在广州的发源早、发展时间长。到明清时期，广州干栏式商业建筑主要有两种发展方向，一种趋势是实用性的，代表是河滩地上的简陋仓库、借重水运便利的作坊等。另一种趋势更多考虑景观效果，如临濠涌的茶楼、酒肆等。临水的建筑立面多数都是全部开敞。清末漱珠涌"漱春酒家"有很浅的外廊，非常重视和外部河道景观的联系(图 4-20)。图中，朝西的一面装有活动的遮阳棚架，栏杆和窗的细部做法都比较精美。虽然明清时期的临水商铺的照片资料非常匮乏，但参考行商名园"海山仙馆"的晚期照片，这些结构轻盈桥、廊、亭、阁的造型，或者可以作为一种参考(图 4-21)。

非干栏式建筑以三间两廊、明字屋，以及后期竹筒屋及西关大屋为代表。传统三间两廊民居形式的尺寸：一般当心间面宽 17 个瓦垄，次间面宽是 13 个瓦垄。大概建筑面宽在 3~4 米，临街立面的高度大概在 4.5 米。随着经济和人口的发展，建筑上出现向竖向、进深两个方向发展的趋势。后期出现的竹筒屋立面多有 2~3 层，平面上以天井串联多个院落(图 4-22)。

图 4-18 广州萝岗隔田山遗址复原干栏建筑一（摄于南汉二陵博物馆）

图 4-19 广州萝岗隔田山遗址复原干栏建筑二（摄于南汉二陵博物馆）

图 4-20　19 世纪 70 年代广州漱珠涌"漱春酒家"（sow-chun hotel，音译）（引自《中国摄影史》）

图 4-21　1870 年左右"海山仙馆"（华芳影像馆）

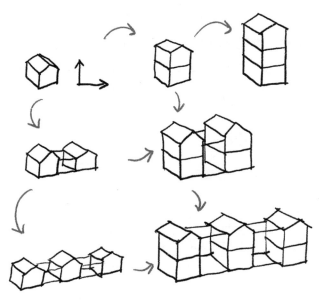

图 4-22　竹筒屋生成逻辑

　　番禺神岗镇龟咀墟（图 4-23、图 4-24）），墟内的店铺普遍采用悬山屋顶，结构上以山墙，或辅以砖柱承重。铺面前檐普遍留有 1~2 米进深的檐下空间，可以避雨、堆放货物。铺面立面的分隔与内部夹层并无直接联系，更多的是考虑字号匾额，以及通风口的

图 4-23　广州市从化木棉村龟咀墟

137

设置。一般铺面底层都是板门，侧边有砖或土坯货台，上部可能有匾额或木板壁，靠近屋顶的部分做通风的隔栅。商铺开间在4~6米，进深20~30米。一般有一进院落，前为店铺、后为作坊。建筑一般为两层，或设夹层，室内空间比较高敞。上下交通以狭窄、陡峭的木梯为主。

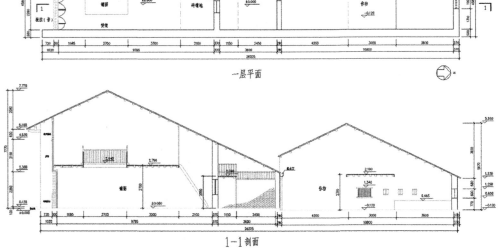

从化木棉村龟嘴 杂货铺-增记友隆

二层平面

一层平面

1-1剖面

图4-24 增记友隆杂货铺

图像资料中出现比较多的是竖向上的叠加，多数向高度上求空间。市内也有单层单栋的，比如在民国画报中的店铺（图4-25）。稍微讲究一些的也在装修上费心思，比如十六甫的广胜隆各色洋饼店（图4-26）。不少店铺加高到两层、三层（图4-27~图4-29），逐渐出现一些西方的建筑元素（图4-30）。这种类推式的生长方法，在纵深和竖向上，为适应其功能的变化而进行叠加、错位等操作。

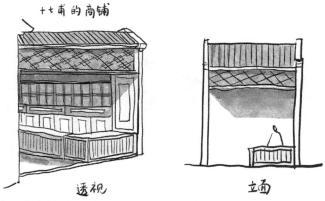

图 4-25　十七甫商铺（根据中山大学图书馆藏《时事画报》《赏奇画报》合订本整理）

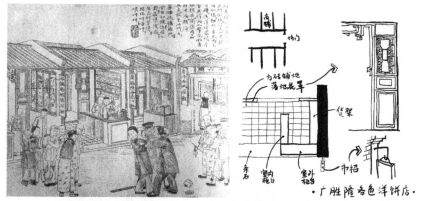

图 4-26　十六甫商铺洋饼店（根据中山大学图书馆藏《时事画报》《赏奇画报》合订本整理）

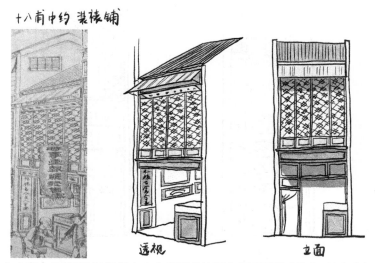

图 4-27　十八甫中约装裱铺（根据中山大学图书馆藏《时事画报》《赏奇画报》合订本整理）

图 4-28　十八甫中约杂货店(根据中山大学图书馆藏《时事画报》《赏奇画报》合订本整理)

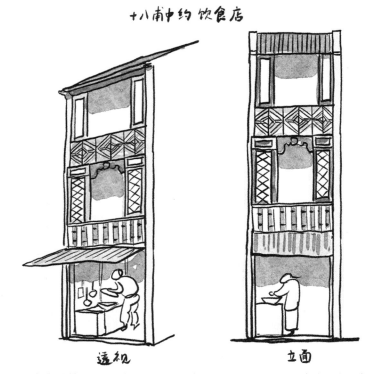

图 4-29　十八甫中约饮食店(根据中山大学图书馆藏《时事画报》《赏奇画报》合订本整理)

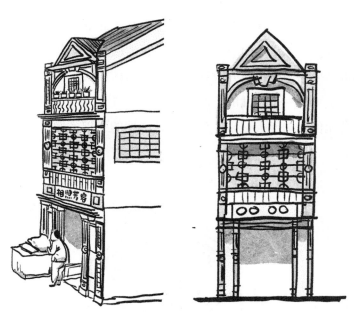

图 4-30 十八甫中约容芳照相(根据中山大学图书馆藏《时事画报》《赏奇画报》合订本整理)

考虑到中国传统建筑单体类型的单一化、通用性的特征,同样的建造逻辑应用于寺庙、官署、住宅、商铺、作坊、宫殿等功能类型。差异多集中在尺度规模上,以及一些特定的建筑构件、细节的做法。虽然明清广州商业建筑单体在不同类型街市中可能呈现不同的体量,但由于通用化设计的特性,让使用功能之间的兼容转换变得普遍。商业(销售、生产等)和居住的功能经常难以拆解。比如底层商铺,上层住宅,或者前一进为店铺,其后为住宅或者作坊,都是常见的功能混合。

二、类型特征

使商业建筑能够在群体中凸显的特征,主要是建筑对街道空间的开敞度、装饰装修层面的文本化,以及景观化发展趋势。

(一)开敞度

1724 年,罗马教廷直属的传教士马国贤神父在广州生活,在他的回忆录《清廷十三年》里记述了当时的街景,"广州府是第一流的城市,它的街道一般都是既长又直。根据中国流行的风格,广州的房子也都是单层的,由围墙围起来。墙上没有任何窗口,所以看起来就像是女修道院。"①马国贤所观察到的应该是居住功能主导的街道空间。

---

① 马国贤.清廷十三年——马国贤在华回忆录[M].上海:上海古籍出版社,2004:31.

商铺立面区别于住宅立面的最明显特征，就是对外部空间的开敞度。住宅建构的逻辑是建立内外的区分，在领域空间上明确所属关系的区别，即公共和私人空间是明确隔离的。住宅内部也是依据逻辑构建开放程度的不同而构成的一系列空间，如客厅和卧室的开敞度差异。尝试拆解一个标准的三间两廊，可以看到对街巷的墙体和对内院的墙体在门窗洞口占墙的比例上有巨大区别。住宅对私密性的要求，使得对外界面封闭，对内界面开敞（图 4-31）。

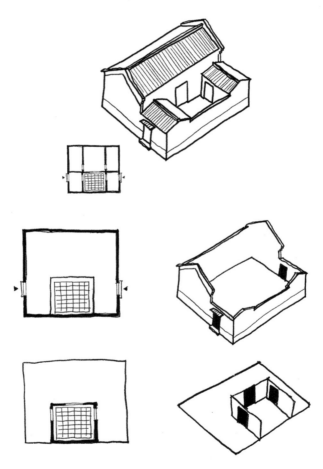

图 4-31　对内外开敞度的差异（三间两廊）

商铺建构逻辑是模糊内外，意图在创造更多交易行为的可能性。表现在边界原型的特征核心就是对街道开敞程度的最大化。对街道界面尽可能地开敞，以吸引消费者的目光，是商业建筑最核心的特征（图 4-32）。

商铺　　　　　　　　　　住宅

图 4-32　商铺与住宅立面开敞度的差异

（二）文本化

朱文一在其《空间·符号·城市》中提出不宜套用西方的建筑原型，提出了"边界原型"的概念。其认为边界原型中，墙和建筑单体是同构的，是墙的放大和延伸①。"中国的建筑只有通过装修才能表现出其不同的性格。"②在他的观点里，商业建筑并非单体建筑层面上的类型，住宅、商铺、宫殿等不同的功能在单体建筑类型上是同构的。商业建筑类型的特征是集中表现在单体装修的文本化。文本化并非商业建筑的独有特征，比如传统园林中的匾额、楹联，都是在通过文本化的方法来表达建筑文化内涵。商业建筑文本化的特征体现在具体内容上。

---

① 朱文一. 空间·符号·城市［M］. 北京：中国建筑工业出版社，1993：126.
② 李允鉌. 华夏意匠［M］. 天津：天津大学出版社，2005：79.

19世纪的广州街道，虽然狭窄，但店铺挂满招牌，五光十色，耀眼夺目①。广州明清时期的商铺的文本化是渗透到建筑各个构件部位。建筑临街立面信息一般包括堂号、店名、经营内容、特色等(图4-33)。主招牌一般是在立面正中的横匾额，主招牌依店家的经济实力不同而有差异，有条件的商铺会邀请社会名流或者书法大家进行书写。如"莲香楼"的主招牌(门头上的横匾)是大富堡莲塘乡清末举人陈如岳手书。

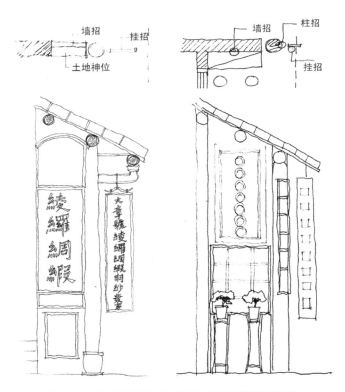

图4-33 典型招牌布置(根据相关图像资料整理)

当然招牌还可以对联或其他广告语的形式出现在墙头、山墙面、门柱等位置。"惠如楼"开业时期的楹联在1987年装修时在杂物间找到，上联"惠己惠人素持公道"，下联"如亲如故，长暖客情"应该是店铺名的藏头联。

参看清末双门底等街道的历史照片，一些店招还侵占到街道地面及上空。这种很长的招牌，一般是卡在门口的石制构件，或者挂在屋檐下。以一般店铺楼高两层，这种招牌的

① 约翰·汤姆森. 镜头前的旧中国：约翰·汤姆森游记[M]. 杨博仁，陈宪平，译. 北京：中国摄影出版社，2001：58.

高度比较惊人。"惠如楼"门前的黑底金字招牌高度达到 7 米。这部分文字内容一般是店名加上销售范围,比如"乾记号徽墨笔料""大章号绫罗绸缎羽纱发客""广发号各江瓷器土瓷器发客"等。挂在檐下一般有个铁钩(图 4-34),各家店铺争相把招牌向街道延伸。

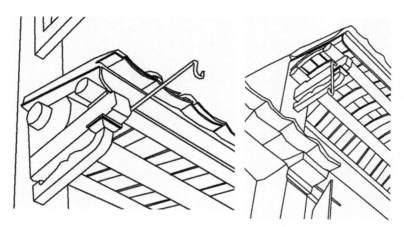

图 4-34　檐下挂钩做法(根据现场调研整理)

在中秋端午等一些重大节庆时,会有特殊的节庆用招牌,往往装饰非常精美。"莲香楼"每逢八月初一会专门挂上中秋月饼招牌,并特别要用扁塔形金纸和红绸带装饰。据称该木招牌镀真金,上面雕刻花鸟人物栩栩如生,尺寸高约 2 米,宽约 1 米。

商铺的室内同样存在文本化的倾向。比如"惠如楼"中悬挂了很多名人字画,二楼大厅正面悬挂匾额为书法名家赵大谦所书"少长咸集",二楼登楼转角有镜屏上书"观人观我"①。

所有的商业建筑都具有文本化的特征,对广州地区而言最主要的特征是文本载体类型丰富,而且对公共空间侵略性非常强。旧广州的商业街巷中穿梭,视线范围内广告信息是全方位覆盖的(图 4-35)。

(三)景观化

对消费环境的追求是日渐提升的,这在清晚期一些茶楼、酒肆表现得更为透彻。对风景的追求,一方面借云山珠水的自然风光,比如明清时期城南滨江会馆、票号集中的玉带濠,在屈大均的笔下歌舞管弦,风光甚于秦淮。另一方面,在城市高密度发展压力下,集中在内院或室内打造假山盆景、鸟兽饲养等,园林式消费场所也应运而生。新中

---

① 雷婉梨. 百年老号惠如楼[M]//广州文史资料第四十一辑,1990.

图 4-35　约 1870 年双门底雅真照相馆(引自《中国摄影史》)

国成立后岭南建筑创作也可见早期茶酒楼的影子。

综上所述，明清广州商业建筑的单体类型主要有三个特征，分别是开敞度、文本化和景观化。区别于其他功能建筑，其开敞度更大，对公共和私人的空间边界是模糊的。虽然文本化不是商业建筑独有，但广州商业建筑的文本载体是非常丰富的，甚至侵占到公共街道空间。由于优越山水环境，广州发展出园林式商业建筑，景观营造上主要倚重外借山水和内造庭园的思路。

第五节　保护与继承

一、现实问题

全球化带来的城市间竞争不断加剧，商业作为广州城市文化中最为突出、独特的内容，是值得在后续的发展中获得更多关注的。作为商业文化的载体，城市、建筑如何在当下的发展诉求下进行更新的议题是亟待讨论的。比较突出是建设性的破坏，清末至民国时期骑楼的兴建直接导致大量明清传统商业建筑被拆除。比如 1875 年开业的"惠如楼"位于中山五路 117#，1995 年因地铁建设被拆除，这几乎是广州市历史最为悠久的茶楼之一。清代玉器墟所在的带河路，因新开康王路而拆除。更多的街市消失要归因于使用性破坏。新中国成立后房屋所属权更迭，使用者的变化导致大量的改造、搭建等。另外，业态变化带来的功能转换也导致传统商业建筑自然衰败。

（一）空间结构和肌理

明清时期沿岸建筑对河涌的侵占是非常普遍的，河涌淤塞不复通舟。随着河涌变化的还有传统滨水的商业空间。随着机动车交通的发展，更多的变化发生了。河涌变暗渠，改为道路。1918年广州开始拆城墙修马路，前后5年时间城墙就被拆完了。20世纪50年代，由于经常有汽车撞擦牌坊，所以各条主街上的牌坊或拆或迁。在非常短的时间内，完成了很多结构性的变化。河涌不见了，牌坊不见了，城墙城楼不见了（图4-36）。

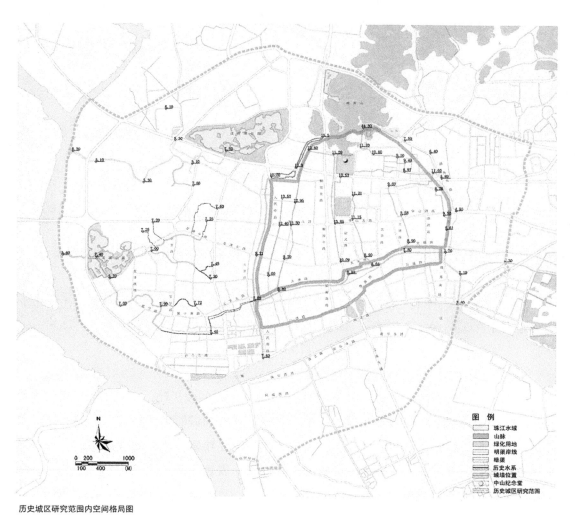

历史城区研究范围内空间格局图

图4-36　历史城区空间格局图［引自《广州历史文化名城保护规划》（粤府函〔2014〕233号）］

广州近现代的城市建设中，传统肌理特征是被忽视的。原来较为均质的城市建筑基底，被一些大体量的建筑所切割。高层、高密度建筑加剧了老城区的拥挤，拆建使得历史环境的空间连续性遭到破坏（图4-37）。一些开发较早的地段，如龙津路、珠玑路、杨巷路等街区因街巷过于狭窄，公共空间有限，公共设施和基础设施难以跟上时代需求。后期建设的西关大屋因建设较晚、规格较高，街区尺度更宜人。

图 4-37　西关航拍图（局部）

旧城区经历过多次的改造。20世纪60—70年代进行的改扩建，激化了人口密度大的问题。80—90年代，由开发商主导的房地产开发，导致旧城肌理的破碎。其后的改建主要是政府主导的公共建设和危房改造，重点工作是主要路段的临街立面的整饬。旧城更新涉及的内容非常广，仅就旧城城市空间更新而言，需要立足空间结构和肌理关系，构建整体和系统的更新观念。

（二）骑楼

广州城街道的旧照片中，不少有各种在街道上搭建棚架的做法。有的是一层伸出的小披檐，有的是搭建在道路两侧、顶楼屋顶的格栅等。南方地区漫长的夏季、炙热的骄阳催生遮阳的需求，但街道界面上檐下的空间并不是连续的。

清末，当时的两广总督张之洞参考了香港的骑楼建设经验，在广州兴建"铺廊"。1918 年开始，拆除了大量城墙和房屋建设骑楼，1921 年当时民国广州政府颁布了《广州市促进马路两旁空地骑楼地建筑规程》。其针对的正是商铺随意侵占街道进行建设，导致临街界面比较混乱的问题。其后 1912 年，广东都督陈炯明提出了建设骑楼需重视建筑审美，关键在"毋太旧亦毋太新"。肯定了审美对于骑楼建设的重要，对建筑风格表达了较为中庸的态度。西式建筑文化是糅合在中式风格中的，而且仅仅是贴在建筑立面上的。骑楼是对旧建筑立面类型的重构，在"不新不旧"的建设思路下，把原有的建筑立面元素符号打散，掺杂进新的西方元素进行重组，是一种符号化的边界原型重构。

骑楼是随着城市道路扩建而在竹筒屋建筑立面上的改造。其发展过程中也呈现出西方式、南洋式、中国传统式、现代式等风格特征。虽然建设实践时间前后不过几十年，但其俨然也成为广州城市商业建筑的代表形象。这种整饬街道的行为是权力机关自上而下推行的，在统一的规章框架下，不同的店铺也保有了部分个性。但明清时期的商业建筑立面，短时间内在主要街道上都被清除了。

（三）产业业态

广州传统商业街区在经历了城市化的高速发展后，从城市建筑空间到业态都产生了巨大变化，传统风貌城区较为集中在西关地区。一些旧行业保留了下来，如华林玉器墟。新的多类型专业批发市场在旧街市的基础上发展起来（服装、药材、电子器材、文具等）。商贸批发类的街区中，临大街房屋作为铺面，街区内部以仓储、居住为主要功能。零售业主要在上下九及宝华路一带，餐饮业在华林街一带。成行成市的业态特征是有保存的。但批发行业仓、住一体的特征，对卫生、交通、消防都有一些负面的影响。

二、意义与价值观

对历史环境保护内涵的认识，各国大概都经历了以历史和审美价值作为标准的文物建筑本体保护，扩展到作为社会文化经济发展物质载体的历史建筑与环境，进而关注物质世界与人类互动中产生的具有特征的文化景观环境。1976 年联合国教科文组织通过的

《内毕罗建议》中，提出了"历史的或传统的建筑群在经历了长久的岁月之后构成了人类文化，宗教和社会的，创造性，丰富性的，多样性的最确切的见证"，"形成了人们日常生活环境的一部分，向人们生动地展示了产生它们的那个过去的时代"。由此可见，对历史环境保护的认知从单一、孤立，逐步发展为复合、多元的状态。

（一）城市文化建构

在信息社会的发展背景下，当前的社会发展日趋扁平，城市之间的竞争在各个层面都很激烈。广州有着2200多年漫长的开发历史，更是一座有着1400万人口的特大城市，在发展过程中必然经历保护与利用的冲突，厘清其价值标准是非常重要的。在旧城改造更新中的核心维度是经济、社会和环境。其中社会维度的权重最高，环境维度次之，排在最后的是经济维度①。传统商业建筑的保护与利用不能唯以经济发展衡量，更需要关于社会、环境维度的内容。

明清时期，广州最活跃的城市生活场景都是发生在街道上，特定的历史条件、文化的特征、经济生活等因素作用下，共同促成了地域性特征的街道空间。中国文化中对市井生活的图景描绘都发生在街道中，如宋代《清明上河图》、清代的《姑苏繁华图》《康熙南巡图》等。从街道、檐廊、铺面、作坊，空间的开放程度渐次变化，而不同的业态带来的立面上的特征，更使街道空间形成独特的充满活力的风貌。这些不只是人们购买商品的场所，也是社交、休憩等活动发生的空间。积极的街市空间对促进人际交流、提升地域文化的认同有着巨大的作用。城市差异化文化的建构，也是城市竞争力的重要组成。构建差异化、识别度高的城市建筑文化是城市建设的重要内容。

（二）价值观的演进

中国的历史城市保护研究可以回溯到20世纪初，随着相关法令的颁布[《中华人民共和国文物保护法》(1982年)，《中国历史文化名城保护条例》(1982年)，《中华人民共和国文物保护法实施细则》(1992年)，《历史文化名城保护规划编制要求》(1994年)，《城市紫线管理办法》(2003年)]，可以看出我国的历史环境保护的内涵也是逐步拓展、日趋完善的。20世纪80—90年代，因为《中华人民共和国文物保护法》的颁布，广州也开始重视对历史文物建筑的保存和修复，进入21世纪后对历史建筑的系统保护和再利用都有进一步的发展。广州的城市规划由早期偏重经济发展，过渡到关注传统城市风貌存续的问题。

---

① 邓堪强. 城市更新不同模式的可持续性评价[D]. 武汉：华中科技大学，2011.

对抗城市发展的同质性，发扬地域建筑文化，并不提倡简单的复制，和恢复消失或即将消失的商业街市。设计师需要在理解传统建筑文化的基础上，抓取一定的特征要素进行创新设计，与现代的材料、结构形式结合，满足生活中的切实需求，形成有源流的地域新风格。

三、继承与创新

（一）空间结构和肌理的梳理

城市空间结构是在特定的自然、社会、经济等条件下产生的，独特的城市空间结构是城市的特色魅力所在。对广州来说，白云山水和珠江水是构成其空间结构的关键因素，因城市建设的发展，自然部分是被损害较多的。近年来，对于一些主要的濠涌进行了揭盖复涌的工作，客观上对恢复广州市传统的城市空间结构起到很大的作用。《广州历史文化名城保护规划》（2014 年）（粤府函〔2014〕233 号）指出，河涌的结构是城市空间结构的重要组成。当下的揭盖复涌是片段化、碎片化的，其积极意义值得关注。广州传统商业建筑中滨水街市是非常有特色的类型，历史文献书写其风光不亚于秦淮。1999 年，为了迎接广州亚运会，荔湾区政协提出了"复建荔枝湾故道"的提案，其后完成了三期的建设。荔枝湾是人们了解老广州滨水街市的窗口。客观上荔枝湾改造后的滨水空间及商业建筑的形态，对传统街市的呼应是有欠缺的。

广州旧城的城市肌理分为商业办公区、传统居住区和工业仓库码头区三类，现存传统商业和居住建筑混杂在一起。一般为竹筒屋形式，楼高 3 层左右，面宽小、进深大，呈现低层、高密度的状态。不同建设年代的街区常常拼贴在一起，由于新的建设导致街区肌理出现一定程度的破碎化。

《广州历史文化名城保护规划》（2014 年）对保护体系的构建是这样描述的，"包括城市历史文化遗产的保护、历史城区的保护、历史文化名镇名村及传统村落的保护、历史文化街区及历史风貌区的保护、不可移动文物及历史建筑的保护，以及非物质文化遗产的保护"，对物质和非物质层面的系统的保护体系构建提出了较为完善的框架。

（二）信息整理、保存与展示

旧城区内已公布的历史文化街区中，关于商业建筑类型大多是骑楼建筑。广州周边地区存在的传统街市也在快速消亡。广州海珠区小洲村在 2013 年被住房和城乡建设部、文化和旅游部、财政部公布为第二批中国传统村落。直至 2000 年左右，小洲村内还有不少传统商铺建筑。村内外均有水道，街市的环境非常有岭南水乡特色。后因该村出租屋的发展，不少村民开始拆屋加建。约 10 年间，该村几乎所有传统商铺被拆毁了。从化区木棉村龟咀古墟，近年因南粤古驿道建设对街市进行了整饬，对其原本古朴街市风貌产生了一定的伤害。传统街市建筑几乎没什么遗存，是一个现实状态。

当下广州历史商业建筑文化在城市物质载体上的面目是模糊不清的。艾森曼所说："类型学的方法对于历史的使用与美国目前流行的对历史的掠夺是非常不一样的，美国是一种复兴主义的历史主义，而历史主义假如没有类型学的方法将流于摹仿。"[1]新的时代有新的功能需求、技术手段、材料等，复制建筑或符号式的建筑片段粘贴对当下的商业建筑历史信息的保存是不现实的，并且非常有害。广州作为千年商都，这部分城市文化的展示更应该有时间上的厚度，包括相关资料信息的整理、保存和展示。

（三）基于建筑类型的创作

当下通过城市空间结构和肌理的梳理继承广州传统商业建筑文化，也应在商业建筑创作中对传统类型做创新性的传承发展。外来建筑文化和广州本地的建筑文化融合发展的历史是非常悠久的。20 世纪 80 年代，中国建筑界开始关注国外的现代建筑理论，现代主义、后现代主义、新先锋派几乎同时进入。1988 年，建筑类型学、场所理论、生态建筑等理论也纷纷涌入。

基于广义建筑类型学，汪丽君针对地域传统建筑文化的传承提出了"优化变异"和"隐形关联"两种手段：优化变异在对传统建筑的原则提炼后，通过形象上的变形、错位等应用在新的建筑设计；隐形关联是通过创新的角度对本土文化精神进行再阐释，特别在当下建筑结构、材料、技术等不断发展的背景下，用新载体讲述旧乡愁。[2] 这两个手段分别针对形态、精神两个层面展开创新，操作层面是有难度的。20 世纪 60—80 年代，岭南建筑师在吸收外来建筑思想的过程可能借鉴到岭南传统茶楼、酒家园林对庭园和建筑进行融合的处理手法，创作了如"泮溪酒家""山庄旅舍"等诸多优秀建筑作品。可见在特定建筑技术、理论的背景下，对传统商业建筑文化因素进行提炼、创新的阐释是已经被验证可行的方法。

---

① 陈科晶."共时性"和"历时性"统一——类型学对城市建筑历史问题的解答[J]. 中外建筑，2008(9)：88-89.

② 汪丽君. 建筑类型学[M]. 北京：建筑工业出版社，2009：286.